Georg Matuszek

Management der Nachhaltigkeit

Georg Matuszek
Kufstein
Österreich

ISBN 978-3-658-02289-1 ISBN 978-3-658-02290-7 (eBook)
DOI 10.1007/978-3-658-02290-7

Die Deutsche Nationalbibliothek verzeichnet diese Publikation in der Deutschen Nationalbibliografie; detaillierte bibliografische Daten sind im Internet über http://dnb.d-nb.de abrufbar.

Springer Gabler

Lektorat: Stefanie Brich, Marén Wiedekind

Springer Gabler ist eine Marke von Springer DE. Springer DE ist Teil der Fachverlagsgruppe Springer Science+Business Media
www.springer-gabler.de

Management der Nachhaltigkeit

Inhaltsverzeichnis

1 Approach – Ein neues Managerbild ... 1
1.1 Wirtschaftskrise, Chancen und Ziele ... 1
1.2 Managementqualität ... 4
1.3 New Value Economy ... 7

2 Portfolio-Management ... 11
2.1 Segmentierung ... 11
2.2 Bewertungstechniken ... 12
2.3 Entscheidungsfindung ... 16

3 Marketing-Know-how in der Nachhaltigkeit ... 17
3.1 Wie wird die Nachhaltigkeitszukunft inszeniert? ... 18
3.2 Marketingmatrix ... 19
3.3 Erfolgsmatrizen im Nachhaltigkeitsmanagement ... 20

4 Change-Management ... 25
4.1 Development-Management ... 26
4.2 Unternehmensproduktivität durch Change-Management ... 27
4.3 Marketing im Change-Management ... 27
4.4 Innovationsmanagement der Nachhaltigkeit ... 28
4.5 Innovation & Timing ... 28
4.6 Innovationsmanagement zur Ökologie ... 29

5 Nachhaltigkeitsmanagement ... 31
5.1 Business-Axiome ... 31
5.2 Marketing der Nachhaltigkeit ... 32
5.3 Der Marketing-Entscheidungsbaum zur Nachhaltigkeit ... 33
5.4 Die Lernkurve der Nachhaltigkeit ... 35

6 Internationales Management ... 39

7 Clienting & Kundenmanagement ... 43
7.1 Clienting-Strategien ... 43
7.2 Qualitätsmerkmale in der Wertewirtschaft ... 46
7.3 Clienting-Paradigmen ... 48
7.4 Innovatives Clienting ... 48
7.5 Konsumentenorientiertes Hightech-Marketing ... 49
7.6 Das Problem der Markensicherheit ... 50
7.7 Der marktpsychologische Aspekt elektronischer Produktkennzeichnung ... 51

8 Gestaltungskraft im Management ... 55

9 Das Managen von Visionen ... 57
9.1 Zukunftskonferenzen ... 57

10 Strategie und Planung ... 61
10.1 Was ist Strategie? ... 61
10.2 Strategische Unternehmensführung ... 62
10.3 Unternehmensstrategien zur Nachhaltigkeit ... 63

11 Wirkungen im Outsourcing-Prozess ... 65

12 Reputations-Management ... 67

13 Coaching & Consulting ... 71
13.1 Von der Wechselbeziehung Unternehmer – Coach ... 71
13.2 Der Umgang mit dem richtigen Coach ... 72
13.3 Externes Know-how ... 74
13.4 Die Beratung an der Schnittstelle zwischen Strategie und Umsetzung ... 74
13.5 Consulting in der globalen Verantwortung ... 75

14 Zertifizierungsmarketing ... 79
14.1 Der Wettlauf zur Zertifizierung ... 79
14.2 Zertifizierungsglaubwürdigkeit ... 81
14.3 Seriosität der Zertifizierung ... 83
14.4 Vom Nutzen der Zertifizierung im Netzwerk ... 85
14.5 Vom Zweck der Zertifizierung ... 85
14.6 Nachhaltigkeits-Ratings ... 86

14.7 MECS – Management Evaluation & Certification Systems 87
14.8 Der Weg zur Zertifizierung 88
14.9 Die Zertifizierung als moderne Serviceleistung 89
14.10 Effizienz-Modelle 90

15 Marktmacht-Effekte der Zertifizierung 93
15.1 Fallbeispiel globale Unternehmen 93
15.2 Fallbeispiel nachhaltige Unternehmen 94
15.3 Fallbeispiel Hotellerie 96
15.4 Fallbeispiel Tourismusregionen 99
15.5 Fallbeispiel Sport 100
15.6 Fallbeispiel Apotheken 102
15.7 Fallbeispiel Arztpraxen 102
15.8 Zertifizierte Anwaltspraxen 103
15.9 Fallbeispiel Dienstleistungsunternehmen 104
15.10 Fallbeispiel Kundenberater 104
15.11 Fallbeispiel Finanzdienstleistung 105

16 Ethik im Management 107
16.1 Zentrierung der Werte 107
16.2 Frühwarnsignale für gefährdete Ethik im Wirtschaftsleben 108
16.3 Umsetzung von Managementethik 108
16.4 Legitimierungsanspruch in den Unternehmensphilosophien 109

17 Kommunikation 111
17.1 Kreativität 112
17.2 Individual-Update 114
17.3 Der Umgang mit Sprache 115
17.4 Kompetenz zu Charisma 117
17.5 Kommunikationsdreieck Phonetik – Rhetorik – Dialektik 118
17.6 Publicity 120

18 Managerausbildung 121
18.1 Profile der Nachhaltigkeit 121
18.2 Bildungszeiten 122
18.3 Wissensmanagement 123

19 Personalmanagement 127
19.1 Bedarfsermittlung 127
19.2 Recruiting 127

19.3 Personal-Coaching ... 128
19.4 Job Assignment ... 129
19.5 Personelle Kapazitäten ... 129
19.6 Leistungssteigerung ... 130
19.7 Zeitmanagement ... 131
19.8 Nachhaltigkeitsberufsbilder ... 132
19.9 Topmanagement ... 133

20 Geldwerte Leistung ... 135
20.1 Die Krise in Unternehmen ... 136
20.2 Krisen-Check ... 137
20.3 Geldwert zu Innovationswert ... 138

21 Die Zertifizierung als Instrument der Krisenbewältigung ... 141

22 Epilog ... 143
22.1 Konsumentenorientierte Verhaltensökonomie ... 143
22.2 Unternehmensführung am Puls der Nachhaltigkeit ... 143

Der Autor

Dr. Mag. Georg Matuszek Kernkompetenzen: Internationales Management, Evaluierung und Kommunikation, Innovations- und Change-Management. Studium der Empirischen Sozialwissenschaften, Politische Wissenschaftenmit Schwerpunkt Internationale Beziehungen, Kommunikationswissenschaften, Vergleichende Sprachwissenschaften, Dolmetsch- und Übersetzerausbildung. Postuniversitär: Marketing, Controlling, Werbung, PR und CI, Development- und Innovations-Management. Management-Positionen in internationalen Konzernen. Management-Contracting in mittelständischen Unternehmen. Vorstand & Verwaltungsrat in mehreren Unternehmen. Consulting u. Coaching. Derzeit Vorstands-Vorsitzender des Business & Consumer Network: Unternehmens-Zertifizierungen. Seminare an internationalen Universitäten und Business-Schulen. Buchautor. Ehem. Leistungssportler, Trainer, Taekwondo-Großmeister, Sportverbands-Präsident, Leiter eines Technologie-Verbundes für Trainingsoptimierung.

Approach – Ein neues Managerbild 1

1.1 Wirtschaftskrise, Chancen und Ziele

Die Zeiten sind hart, aber modern. Wachstum bedeutet Wandel und auch der Wandel zur Nachhaltigkeit ist ein Schritt vom Bekannten zum Unbekannten. Profilierte Manager werden das neue Wissen für die richtigen Entscheidungsfindungen in den Unternehmen mobilisieren. Die universale wirtschaftliche Verantwortung liegt allerdings nicht nur bei den Unternehmen, sondern auch bei den Konsumenten. Sie bestimmt unsere zukünftige Lebensweise, sogar unsere Berufsbilder.

Immer mehr kommt es darauf an, wie die Unternehmen ihr Change-Management in Sachen Nachhaltigkeit beherrschen und inwieweit sie aus der Beziehung mit den Konsumenten interaktiv lernen. Verabschiedet sich die Zuverlässigkeit, verabschieden sich auch Sicherheit und Gewinn. Die globale Verantwortung in der Wirtschaft bestätigt sich in den Austauschmechanismen am Markt und in der Evidenz der Markensicherheit. Diese umfasst die Elemente von Echtheit, Qualität und Nachhaltigkeit. Sie prägen die Szenarien in Wirtschaft und Gesellschaft und verändern damit die Gestaltungskraft der Unternehmen.

Wenn nachhaltige Services oder Herstellungsweisen transparent sind, werden auch die Referenzen und Empfehlungen zu Leistungsversprechen an die Konsumenten vermittelbar. Die Gewinnmargen für Leistungen dürfen nicht leiden, aber sie werden erst durch eine emotionale Markenbindung der Verantwortung erwirtschaftet. Viele Unternehmen wollen die Glaubwürdigkeit ihrer Identität auch im Web beweisen. Sie sind bestrebt, korrekt zu informieren. Bloße Werbefloskeln kommen beim kritischen Konsumenten nicht mehr an. Sie sind für den zukünftigen wirtschaftlichen Wettbewerb untauglich. Zwar geht professionelle Werbung auf die Beeinflussung der Mechanismen des Unterbewusstseins ein. Doch Selbstbeweihräucherung greift nicht mehr so wie einst. Ob eine Werbebotschaft dynamisch wirkt, bestimmen nicht diejenigen, die manipulieren. Die Wertigkeit macht den

G. Matuszek, *Management der Nachhaltigkeit*,
DOI 10.1007/978-3-658-02290-7_1, © Springer Fachmedien Wiesbaden 2013

Unterschied aus. Sie wird von unabhängigen Dritten bemessen. Authentizität und Sicherheit rücken immer mehr in den Mittelpunkt der Qualitätskriterien. Nicht zu wissen, was beim Senden der Botschaft herauskommt, wird dem Sender, dem Unternehmen, nichts einbringen. Der Adressat, der Konsument, muss das Gefühl bekommen, dass die Markenansagen zur Nachhaltigkeit auch bei ihm funktionieren. Moderne Werbung setzt auf die Klarheit der Botschaft, auf die Offenlegung der Problemlösungen und auf die Konsensbildung mit den Konsumenten. Das Image wird über die Attraktivität der Programme und ihrer Inhalte und nicht mehr allein über die Aufmachung von Werbeslogans gefunden.

Wozu ist Nachhaltigkeitsmanagement gut? Die Bewältigung der Finanzkrisen und die Zeitenwende zur Werteökonomie haben mit dieser Frage zu tun. Nachhaltigkeit und globale Verantwortung geben der neuen Ära von Unternehmenskultur eine intensive Wertigkeit. Das Prestige von Unternehmen wird zum dominanten Marktfaktor im Dialog zwischen der Industrie und den Konsumenten. Insofern konkretisiert sich die Zertifizierung von Unternehmensleistungen als ein modernes Marketing-Tool. Die neuen Informationstechnologien unterstützen den dadurch sich entwickelnden Dialog am Markt.

In diesem Diskurs gibt es oftmals Risse, die Risse der Gesellschaft sind. Umso wichtiger wird für Unternehmen das Management des Prestiges sein. Die Transparenz von Markensicherheit und Nachhaltigkeitsqualität werden dem mündigen Konsumenten immer wichtiger. Deswegen ist der Aufbau von Vertrauen für Unternehmen unerlässlich. Authentizität plus Sicherheit schlägt Primitiv-Werbung. Nachhaltigkeit braucht die Überprüfung der Inhalte von Unternehmensidentitäten. Dies ist sicherlich keine leichte Mission. Unternehmer, Manager und Berater dürfen sich darin nicht durch Bequemlichkeit oder Ignoranz behindern, wenn sie wollen, dass ihre Unternehmen auf dem Gebiet der globalen Verantwortung unverwechselbar bleiben.

Viele Unternehmen peilen heutzutage den Erfolg an, indem sie Kooperationen und strategische Allianzen aufbauen. Dazu zählt auch die Kooperation mit der anderen Seite des Wirtschaftsspektrums, mit den Konsumenten. Ihre Intervention zur Verantwortung erweist sich als notwendig. Darum können Unternehmen Gewinne gezielter erwirtschaften, wenn sie smarter mit den Usern kommunizieren. Die wirksamen Strategien werden in Netzwerken und deren Medien beworben, damit das Vertrauen beim Konsumenten gestärkt wird. Der Wettbewerb verlagert sich auf die Reputation von Seriosität und Verantwortung. Nimmt Unzufriedenheit auf der Käuferseite überhand, sind die Unternehmen nicht mehr glaubwürdig.

Dem Durchschnittskonsumenten wird dies anfangs gleichgültig sein. Er lässt sich durch Schnäppchen verführen. Ihm ist der Preisvorteil das allein ausschlagende Argument. Dies bleibt auch populär und führt bei manchen Unternehmen zu „Geiz ist geil"- Strategien. Doch Qualität ist nicht austauschbar. Qualitätsverlust wird durch Fehlkäufe ans Licht gebracht. Die Sehnsucht nach Produktsicherheit und Nachhaltigkeit könnte die Verkarstung aufbrechen. Es tritt der Elitekonsument ins Spiel, der informiert sein will. Er hinterfragt das Auftreten der Unternehmen und deren Image. Er ist voller Ansprüche an die Gesellschaft. Er wird die Schnäppchenkultur der Mittelmäßigkeit gerne verlassen und mehr Genialität der Nachhaltigkeit von der Wirtschaft einfordern. Er will den Hut vor der Leistung jener Unternehmen ziehen, die sich für innovative Strategien entscheiden und ihre Ressourcen in globaler Verantwortung durchsteuern. Die Genialität der Nachhaltigkeit braucht am Markt das „Und" der Change-Manager, nicht die Tyrannei des „Entweder-Oder" von Business-Spekulanten. Ohne Leidenschaft gibt es keine Genialität.

Die Turbulenzen der Wirtschaftswelt zu Beginn des 21. Jahrhunderts waren läuternd. Zugleich eröffneten sie neue Chancen aus den alten Unzulänglichkeiten. Die Schwierigkeiten waren ja nicht von ungefähr entstanden. Sie waren die Konsequenz von Verhaltensweisen, die sich schon seit Längerem unterschwellig in die Business-Prozesse eingeschlichen hatten. Hartnäckig wird versucht, die große Wirtschaftskrise auf das Konto der Manager zu schieben. Wohlgemerkt, Banker sind per definitionem erstrangig Banker und keine Manager. Die Entfremdung dieses Berufsbildes brachte die Weltökonomie in beträchtliche Turbulenzen. Die Aufgaben wurden verwechselt, der Ruf eines ganzen Berufszweiges geschädigt. Es ist Zeit, die positive Rolle der Unternehmensmanager wieder herauszustreichen.

Bevor wir die Manager in die Pflicht rufen, hat sich die Gesellschaft als Ganzes – und wenn es die Politiker auch nicht gerne hören – die Politik zu verantworten. Hatte doch die Zivilgesellschaft selbst die desaströsen Vorgangsweisen in der Wirtschaft erst ermöglicht. Es begann in den USA unter dem Ansporn der politischen Führung des auslaufenden 20. Jahrhunderts. Letztere kann aber nicht mehr zur Verantwortung gezogen werden, da die Phase der hierfür Verantwortlichen lange schon wieder Vergangenheit ist.

Die ‚Clintonomics' hatten den Grundstein zur Entwicklung in Richtung Wirtschaftskatastrophe gelegt. Präsident Clintons Administration hatte die Menschen auf allen Ebenen regelrecht dazu verführt, wahllos dem Glauben an die unbegrenzte Kreditfähigkeit zu frönen und ihn bis zum Exzess auszuleben. Dass damit gutes Geschäft zu machen war, gehörte zur natürlichen Reaktion der Banken. Sie stürzten sich auf die von der Politik geförderten Nutzungsfelder. Wären die politischen Prämissen nicht geschaffen worden, wären die Banken nicht derart in eine Vorgangsweise der Verantwortungslosigkeit geschlittert. Betäubt von der Gier nach Reichtum hatten die wenigsten Menschen gleich mitbekommen, dass die Spekulationslawine bereits in die Immobilien- und Finanzdienstleistungsszene hinab donnerte.

Soweit zur Verantwortung der Gesellschaft unter Anleitung der Politik, ohne dabei die Verantwortung des Finanzkomplexes verniedlichen zu wollen, der mit seiner Spielkasinomentalität lange zuvor schon eine ungesund virtuelle Wirtschaft auf dem Globus etabliert hatte. Der Reflex einer Katharsis im Management könnte zum positiven Resultat der Krise werden.

Es war schon vor den einzelnen Krisen feststellbar, dass die Bandbreite an Scharlatanerie im Wirtschaftsleben immer größer wurde. Nur wollte niemand darauf reagieren. Bildung verflachte zur kurzfristig organisierten Halbbildung. Die Verhaltensweisen im Business wurden undurchsichtiger und schlampiger. Die Qualifikationen der Business-Trainer und mancher Consultants verfiel immer mehr, ebenso wie die vieler die Karriereleiter emporklimmender Manager.

Die Wirtschaft erhält nun eine neue Chance, sich am eigenen Schopf aus der Krise herauszuziehen. Und sie sollte dies womöglich nicht unter der Einmischung der Politik tun. Erfolge werden heutzutage über Change-Management initiiert. Dies ist auch nicht mehr infrage gestellt, wohl aber ist das Wie zu diskutieren. Manager in Unternehmen sind gut beraten, den Dreiklang aus Fachkompetenz, anerkannter Zuverlässigkeit und gut geführten Partnerschaften zu beherrschen.

Auf Kompetenz beruhende Marktführerschaft hängt in unseren Zeiten mit globaler Verantwortung zusammen. Diese kann ebenso wie alle anderen wirtschaftlichen Faktoren gemessen werden. Ihre Evaluierung wird im empirischen Modus immer spezifischer und ausgeklügelter. Die Bewertungen beruhen auf der Bestimmung des Status quo und auf der Messung dessen, was Unternehmen an Werten aufzuweisen haben.

Assessments sind dann sinnvoll, wenn sie von einem ganzheitlichen Coaching komplettiert werden. Immer mehr beeinflusst das Wissensmanagement den Status der Unternehmensidentität und bereitet den Weg in die Optimierung. Davon ist nicht nur das Genre des Managements betroffen. Auch Evaluierer, die nicht auf einen profunden Wissens-Background zurückgreifen, sind für die Wirtschaft gefährlich. Wissen und Know-why kann durch bloßes Engagement nicht ersetzt werden.

1.2 Managementqualität

Wenn für das Unternehmensmanagement Gefahr in Verzug ist, heißt es, den Job besser und schneller auszuüben. Was ist für Unternehmen ökonomisch sinnvoll? Meistens wird das Neue deswegen nicht gleich angegangen, weil es noch unbekannt ist. Ein professionelles Management müsste jederzeit den Wandel im Unternehmen umsetzen können. Die Qualität der Umsetzung hängt mit der Schnelligkeit der

Realisierung zusammen. Realwirtschaft lässt sich nicht im Tempo einer Schnecke betreiben, die Zeit der langsam dahinschleichenden Genussunternehmen ist vorbei. Doch auch der schnell zu vollziehende Prozess muss zunächst strategisch gerechtfertigt sein. Die modernen Strategien setzen auf Transparenz, Markensicherheit und Menschentauglichkeit.

Was haben die Menschen und die Konsumenten davon? Offensichtlich wollen sie eingehender darüber informiert sein, wie die jeweiligen Unternehmen funktionieren. Entscheidend ist, welche Wirkung und welches Gefühl der Inhalt von Dienstleistungen und Produktangeboten bei den Menschen auslöst. Konsumenten legen Wert auf Perspektiven. Deswegen müssen Manager wissen, was Trends bedeuten und welche Konsequenzen sie haben. „Was wäre wenn" ist keine illusionäre, sondern eine äußerst praktische Frage, um fit für die Zukunft zu bleiben. Dann geht es ans Gestalten, nicht ans Bewahren. Manager sind zur Beweglichkeit gezwungen. Welche Ziele sie auf welche Art erreichen, hängt in der Folge vom Einsatz der richtigen Methodik ab.

Gute Manager finden rechtzeitig heraus, welche Vorgangsweise sich in der jeweiligen Struktur bewährt. Damit halten sie sich Potenziale für die Zukunft offen und übertragen das Positive auf andere Situationen. Sie können an mangelnder Elastizität ebenso zerbrechen wie an einem Hin- und Herhüpfen zwischen unkontrollierten Positionen. Beides sind Pathologien, deren Ursachen im fehlenden Wissen und in einer nicht ausreichend gepflegten Erfahrung liegen. Erfahrung darf nicht nur langjährig gesammelt werden. Sie wird sichtbar, wenn sie in dem Augenblick, wo es darauf ankommt, systemisch genutzt wird.

Wenn Management ein umfassender Komplex sowohl im wirtschaftlichen als auch im gesellschaftlichen Beziehungsfeld ist, haben Manager solche Komplexitäten auszuhalten. Sie dürfen nicht alles gleich simplifizieren. Mit einer guten Portion Neugier schaffen sie es, die auf die Unternehmen bezogenen Zusammenhänge der Globalität zu erkennen. Mit einem klein wenig Mut zum kalkulierbaren Risiko treffen sie die aus den Analysen gewonnenen Entscheidungen. Dem Informationsverhalten im Wissensmanagement steht das reaktive Verhalten der Akteure gegenüber. Mittels Abfragen, Wiederauffinden und Abholen von Wissen wird dazu gelernt und reagiert. Das verantwortliche Agieren ist an Bildung und an die Kontinuität der Denkmuster der Manager gebunden.

Der Managementprozess beginnt in vielen Situationen mit dem Ausforschen von zunächst nur schemenhaft auftauchenden Situationen. Die Erstkonfrontation mit einer neuen Marktproblematik erscheint meist diffus. Erst wenn verschiedene Alternativen abgearbeitet sind, mündet der Prozess des Verstehens in die konkrete Entscheidungsfindung. Mangelt es im Aufbau des Beurteilungsvorganges an Professionalität, sind Misserfolge und Krisen vorprogrammiert. Am wenigsten Erfolg werden Manager haben, wenn sie die Rolle von Sachverwaltern, am meisten, wenn sie die von Gestaltern und Entscheidern einnehmen. Ihre Aufgabe besteht zunächst darin, Strategien für den Unternehmenserfolg auszudenken und dann konkret in Aktionen umzusetzen.

Auf den unterschiedlichsten Entscheidungsebenen der Unternehmen gibt es genügend Möglichkeiten zur schöpferischen Konfrontation. Selbst im kalkulierten Chaos ist Methodik der Angelpunkt zur kreativen Leistung. Fulgurationen in Form von genialen Einfällen kommen nicht unbedingt aus heiterem Himmel. Die Gültigkeit dieser Aussage werden die süffisanten Kenner der Materie ebenso bestätigen wie unbefangene Neueinsteiger oder außenstehende Beobachter. Der Extrembergsteiger Reinhold Messner sagte in einem Interview: „Die Könner beginnen dort, wo der Spaß aufhört – auf allen Gebieten". So wird man sich auch im Management nicht darauf beschränken können, energiebeladene Themen in einfache Comics aufzulösen. Könner arbeiten stets mit konstruierten Programmen - und wenn es nur intuitive sind. Die Möglichkeit, dass alles bei einer Reihung von günstigen Zufällen von selbst laufe, bleibt Wunschdenken. Ein derartiges Spiel öffnet bloß dem Dilettantismus Tür und Tor.

Weniger qualifizierte Manager verzichten auf das geordnete Nachdenken über die Praxis, das heißt auf die Theorie. Das Nachdenken sei ja beschwerlich, deswegen wird es gerne delegiert. Manager jedoch, die nicht systemisch denken, sind eine Gefahr für das System, in dem sie wirken. Theorien sind keine beliebigen Mutmaßungen. Sie orientieren sich an Gesetzmäßigkeiten, die messbar sind. Die Konsequenz von Entscheidungen ist evaluierbar. Gutes Management findet seine Legitimität in der Effizienz der Geschäfte. Diese sind aber erst dann gut, wenn sie begründet und nachvollziehbar und nicht, wenn sie zufällig entstanden sind. Dann macht Erfolg Spaß.

Seriöse Manager machen vor dem Erfolg nicht dicht. Erfolge sind gelöste Probleme und es gibt sie nicht zum Nulltarif des Einsatzes. Im modernen Management beginnt der Unternehmenserfolg bei der Nachhaltigkeit. Dort, wo sie im Mittelpunkt der Bemühungen steht, wird verantwortungsbewusst geplant und realisiert. Zusätzlich kommt es auf die Fähigkeit an, wie andere Mitstreiter gewonnen werden können, um die auftauchende Verantwortung zu bewältigen. Die Resultate hängen weitgehend von transnationalen Netzwerken ab. Die modernen Erfolgsrezepte des Managements bauen somit auf Internationalität und Kooperationen.

Ein managerielles Bemühen, das sich in bloßer Eindimensionalität bewegt, ist für ein Unternehmenssystem gefährlich. Eine Vielfalt an Varianten will erarbeitet sein, aus denen vorzugsweise die beste ausgewählt wird. Die Verflechtung mehrerer Komponenten braucht natürlich Kontrolle. Idealerweise kommt sie von außen. Damit werden die Erfolgsperspektiven in allen Managementbereichen stets präsent gehalten, im Generalmanagement ebenso wie in der Personalentwicklung, bei den

Beschaffungsvorgaben ebenso wie bei den Verkaufs- und Verhandlungskriterien oder im Kommunikationsbereich.

Bereits in der Ausbildung werden Manager mit Diversität konfrontiert, um Qualität besser zu verstehen. Der angehende Wirtschaftszyklus der Nachhaltigkeit und der Werteökonomie verdeutlicht, wie wichtig es für die in den Unternehmen Verantwortlichen ist, systemische Komplexitäten zu beherrschen. Diese Prämisse gilt nicht allein für das Topmanagement, sondern trifft auf alle Management-Stufen zu. Alle Beteiligten brauchen die Erfahrung systemischer Denkprozesse, wollen sie nicht bloße Erfüllungsgehilfen bleiben. Daraus ergibt sich die Attraktivität erfolgreicher schlanker Organisationsformen. Je schlanker das Gefüge ist, umso notwendiger ist ein höchstes Qualifikationsniveau aller Beteiligten.

Die Systemwissenschaft, die sich mit den Zusammenhängen und Wechselwirkungen von Systemen beschäftigt, drängt sich auf die Augenhöhe zur Betriebs- und Volkswirtschaftslehre. Letztere hat sich in den letzten Jahrzehnten so manche Patzer in der Weltwirtschaft erlaubt. Der systemische Ansatz hat den Vorteil, in Prozessen und nicht in Zuständen zu denken, auch nicht in denen von Betriebs- oder Volkswirten. Die Unzulänglichkeit eines rein betriebswirtschaftlichen Denkmusters wird spätestens dann schonungslos aufgedeckt, wenn sich die Systemgrößen der wirtschaftlichen Austauschbeziehungen ständig ändern. Korrektive werden verlangt. Evaluierungs-, Steuerungs- und Kommunikations-Know-how wird die Bandbreite einer Managerausbildung ergänzen. Erstaunlich ist nur, dass die Systemwissenschaft ein Kind der Geisteswissenschaften ist.

Einfach die Ärmel hochzukrempeln und ungemein aktiv zu sein, wird nicht mehr ausreichen. Die Umfeldbedingungen für Unternehmen haben sich nun einmal in der Werteökonomie geändert. Überholte Arbeits-Usancen werden neu justiert. Immer wieder ist zu hinterfragen, wie eine höhere Effizienz gerade in Entscheidungen zur Nachhaltigkeit erreicht werden kann. In komplexen Problemsituationen macht sich verschuldetes Missmanagement nicht nur nicht bezahlt, sondern wirkt lawinenartig bedrohlich. Die Managerwelt wird sich dessen bewusst, dass die Problemlösungsqualität gleichzeitig auf Energie als auch auf Kompetenz zugreift. Beides lässt sich nicht einfach herbeizaubern.

1.3 New Value Economy

In Zeiten der Nachhaltigkeitswerte kann ein schlechtes Prestige ein Unternehmen teuer zu stehen kommen. Wer Change-Management betreibt, holt weit aus und überlegt, was unter globaler Verantwortung zu verstehen ist. Wie ist die neue

Werteökonomie zu meistern? Neue Werte wie Nachhaltigkeit und Lebensqualität bekommen in den Zeiten der Bankenverfehlungen besondere gesellschaftliche Akzente. Die moderne Gesellschaft wird es gerne akzeptieren, dass Wertebestimmungen in den Wirtschaftsprozess auch praktisch einfließen. Doch die Philosophie des Gewinns mit dem Bade auszuschütten wäre ebenso wenig förderlich, wie die neuen effizienten Mechanismen der Globalität in ihrer Gesamtheit zu übersehen. „Der Staat", der sich sowieso alles vom Markt zahlen lässt, wird sich immer wie ein Riesenkrake gebärden. Zuletzt hat er den Typus des modernen Wutbürgers generiert, der sich nicht alles bieten lassen will. Der Staat wird in seiner Anonymität die gesellschaftlichen Probleme von sich aus nicht lösen können, schon gar nicht die wirtschaftlichen. Er hat nicht die Kompetenz, zu evaluieren und schon gar nicht, kreative Wege einzuschlagen. Das ist nicht seine Aufgabe. Also Hände weg von bürokratischen Prozessen der Entscheidungsfindung. Verwaltung ist wichtig, jedoch ihr Aufwand oftmals überdimensioniert. Ihre Bedeutung passt nicht in die Proportionen von Zukunftsbewältigung, da sie auf Routine basiert. Platzen Verwaltungsblasen auf, dann ist die Wirtschaft in Gefahr. Interessanterweise gibt es ein Regulativ in der Börsenentwicklung: Die Börse reagiert auf den politischen Verlauf. Man fragt sich, wessen Auftritt ist gewichtiger, der politische oder der wirtschaftliche. Die jeweilige Gesellschaft, die betroffen ist, wird die Antwort ihrer Präferenzen geben.

Die Management-Leistung hängt von der Bereitschaft, der Fähigkeit und der Willigkeit der Akteure in den Unternehmen ab. Sie beginnt beim Denkprozess, führt zur Unternehmenskultur und kulminiert in der Kommunikation. In der Nachhaltigkeits-Wirtschaft ändern sich die Prioritäten. Convenience und Premium-Angebote profitieren von den neuen Informationstechnologien. Diese dienen nicht allein der Unterhaltung, sie erleichtern auch die Lernprozesse. Das Leben der Konsumenten wird durch sie transformiert. Die Interaktivität zwischen Konsumenten und Markenanbietern ist auf die von Profis in Unternehmen erstellten Strategien angewiesen. Die darauf basierenden Innovationsentscheidungen sind es, die bestimmen, was auf den Märkten unseres Globus gehandelt wird. Da geht es darum, besser zu sein als die anderen, aber auch darum, das Vertrauen zu schaffen, dass man es besser kann. Dieser Prozess erfolgt nicht über Versuch und Irrtum, sondern über minutiös erarbeitete Methoden.

Dem philosophischen Muster Karl Poppers folgend sind analog im Management die Modelle des deduktiven Vorgehens ‚top-down' angelegt. Die Detailthemen hängen von den Makroproblemen ab. Also müssen die Makrofragen gelöst werden, um dann in aller Seriosität auf die Konsequenzen in den Detailfeldern zu verweisen. Von der Vision ausgehend werden die Strategien der Werteökonomie in die operative Planung übergeleitet. Selbst die unscheinbarste Umsetzung in der unternehmerischen Praxis hängt am Richtfaden von Visionen, Bewertungen und abrufbaren Vorstellungen.

In der Nachhaltigkeits-Ökonomie ändern sich die Marketing-Prioritäten. Die manageriellen Entscheidungen orientieren sich an den Anforderungen des Umfeldes. Erst durch die Kompetenz der Akteure gewinnen sie an Zugkraft. Diese erarbeiten marktgerechte Produktleistungen, die noch in der Öffentlichkeit verstärkt werden müssen. Unternehmen brauchen dazu die intensive Betreuung von außen nach Art einer vernetzten Supervision. Verständlichkeit, Attraktivität und Authentizität sind dabei die Attribute dessen, was moderne Unternehmen in ihrem Prestige entfesselt. Visionäre und effektive Programme der Nachhaltigkeit bedürfen in allen Phasen einer kontinuierlichen Imageverstärkung. Dazu wird Benchmarking betrieben, wobei Technologien auf ihre Tauglichkeit bewertet und Prozessänderungen ständig kontrolliert werden. Die strategischen Schlüsselfaktoren für die globale Verantwortung liegen im Risikomanagement. Die Verhaltensabweichungen zu globalen Angeboten sind registrierbar, indem die Zusammenhänge von Marktanteilsveränderungen beschrieben werden. Tauchen Schwächen oder bedrohliche Positionen auf, ist darauf unmittelbar zu reagieren.

Visionäre Programme der Nachhaltigkeit bedürfen, wollen sie effektiv sein, in allen Phasen einer kontinuierlichen Imageverstärkung. Dazu wird Benchmarking betrieben, wobei Technologieentwicklungen auf ihre Tauglichkeit und Prozessänderungen auf ihre Gewichtung ständig kontrolliert werden. Die strategischen Schlüsselfaktoren für die globale Verantwortung liegen im Risikomanagement. Die Verhaltensveränderungen zu globalen Angeboten sind registrierbar, indem die Zusammenhänge von Marktanteilsveränderungen beschrieben werden. Tauchen Schwächen oder bedrohliche Positionen auf, ist darauf unmittelbar zu reagieren.

Maßstäbe für Unternehmen in der Werteökonomie:

- Vernetzung des Expertenwissens für Nachhaltigkeit
- Kompetenzverteilung
- Zusatzbenefits aus der Nachhaltigkeit
- Gegenwärtige und zukünftiger Wettbewerbsvorteile
- Wertschöpfung
- Managementeffizienz
- Ertragssteigerung

Portfolio-Management 2

Warum glänzen High-Performer? Während die einen Unternehmen ums Überleben kämpfen, gehen andere aus großen Herausforderungen sogar gestärkt hervor. Ob es um das Verhalten von Unternehmen geht oder um ihre Innovationsstärke oder um Nischenpolitiken am Markt, es werden Bewertungen, Variationen und Portfolios erstellt, um das Vorwärtskommen zu sichern.

2.1 Segmentierung

Strategisches Forecasting erfolgt, indem Szenarien ermittelt werden. Sodann ergeben sich valide Aussagen über die Auswirkungen von Veränderungsprozessen. Der Grundraster für die Segmentierung von Produkt- und Dienstleistungen lässt sich immer noch mittels der bewährten Produkt-Markt-Matrix von Ansoff verlässlich einleiten. Besonders am internationalen Markt determinieren die Variablen der Nachhaltigkeit die Marktdurchdringung, Markterweiterung und Programmerweiterung. Die Segmentierungs-Analysen verdeutlichen das Verhältnis von Marktanteilen zur Marktdynamik. Was heute noch zu den versteckten Wachstumsmärkten zählt, könnte sich schnell durch Publicity für Nachhaltigkeit zu großen Kalibern im Wachstumssegment gestalten.

Zur Analytik bietet sich die schon seit langem von Boston-Consulting begründete 4-Felder-Marktanteils-Matrix an, welche die Produkt-Marktbeziehung in „Stars" „Cows" „Question Marks" und „Dogs" einteilt. Auch die etwas umfangreichere 9-Felder-Matrix von Mc Kinsey ist zur Bestimmung der Marktqualitäten im Nachhaltigkeitsbereich geeignet. Beide Methoden sind hilfreich, die Nachhaltigkeitsverantwortung auf die operative Unternehmenseffektivität hinzulenken. Die Faktoren der weltweiten Werteökonomie sind unabänderlich mitbestimmend, auch

G. Matuszek, *Management der Nachhaltigkeit*,
DOI 10.1007/978-3-658-02290-7_2,

wenn sich die Erfolgschancen immer auf eine finanzielle Rentabilität ausrichten werden. Der Break-even im Denken der Nachhaltigkeit ist als jener Punkt anzusehen, über den hinaus Gewinn und Risiko bei Beachtung der globalen Verantwortung präzise austariert sind.

Die externen Faktoren des wirtschaftlichen Szenarios eines Unternehmens werden mit dem offenstehenden Marktpotenzial in Bezug gebracht. Beachten die Manager den mehrdimensionalen Wettbewerb, so werden sie den Austauschprozess moderner Netzwerke in der Zielbildung ihres Unternehmens beanspruchen. Die systemischen Portfolios bringen nicht nur die großen Unternehmen auf Erfolgskurs. So wie Mischkonzerne an der Börse oftmals besser aufgestellt sind als Spezialisten, eröffnen umfassende strategische Allianzen auch den mittelständischen Unternehmen Aussichten auf eine gute Rentabilität. Sind die Risiken einmal berechnet und ausgeklammert, können die Projekte rasch umgesetzt werden. Quersubventionen aus Allianzen sind ein probates Mittel, die Entwicklung von Innovations-Projekten weiter voranzubringen. Gut genutzte Synergien aus einem Management der Vielfalt stützen und schützen jedes einzelne Mitglied einer gut aufgestellten Kooperation.

Pay-off-Matrizen

- Unternehmensprestige-Matrix
- Konkurrenzmatrix
- Geschäftsfeldmatrix
- Matrix des Kostenmanagements
- Solldaten-Definition
- Wirtschaftlichkeitskriterien

2.2 Bewertungstechniken

Portfolio-Betrachtung Gut konstruierte und aufgeteilte Wettbewerbs-Portfolios konzentrieren sich auf die Attraktivität von Marktsegmenten. Welche Ressourcen erzielen den bestmöglichen Wettbewerbsvorteil? Sobald die einzelnen Eventualitäten auf der Positionierungs-Matrix aufscheinen, werden per Stärken-Schwächen-Evaluierung die gestellten Aufgaben angegangen. Interessenskonflikte innerhalb eines Unternehmens lassen sich vermeiden, wenn in konkreten Zahlen klar ausgedrückt ist, was sich im Feld oberhalb des Break-even-Punktes im Eventualfall entwickeln könnte.

Evaluierungen Eine zeitgemäße Evaluierung besteht nicht so sehr in der Bewertung von Organisationseinheiten als in der Messung von Systemen und deren Interaktionen. Sie beschäftigt sich mit Ereignissen und Interaktionen und führt zur Schlussfolgerung, warum etwas getan werden muss und wie das Problem anzugehen ist. Dann wird auch ersichtlich, was im Unternehmen anders und besser werden könnte. Im Fokus der Bewertung von Nachhaltigkeit steht, wie wirksam die definierten Inhalte weiter verfolgt werden. Die Einschätzung der Wissens- und Erfolgskapazität der Akteure ist ein Bonus im Unternehmenswettbewerb. Definiert wird die Wertigkeit eines Unternehmens über seine Identität, Performance, Innovationsfähigkeit und Reputation. Eine erfolgsträchtige Unternehmensführung ist mit ihrem guten Ruf kohärent. Ein im elfenbeinernen Turm abgeschirmter Ruf, der nicht transparent offengelegt ist, trägt nichts zur Wertschöpfung bei.

Der Ruf eines Unternehmens wird am ehesten durch enttäuschte Erwartungen, durch Informations-Lecks, durch evident mangelnde Managementintelligenz und durch die offensichtliche Verheimlichung der unternehmerischen Entwicklung beschädigt. Gestärkt wird das positive Image, wenn die Führung transparent aufzeigt, ob sie die betrieblichen, gesamtwirtschaftlichen und ethischen Forderungen interaktiv in die Handlungen des Unternehmens einbindet. Markensicherheit, Produktsicherheit und Nachhaltigkeit müssen glaubwürdig vermittelt sein. Die Antwort auf die evaluierten und transparent gehaltenen Konzepte gibt der Markt, wenn sich die gut kommunizierten Vorzüge in der Konsumentenzufriedenheit und in den Markenvorlieben widerspiegeln.

Commitments zur Nachhaltigkeit lassen sich über moderne Öffentlichkeitsarbeit und Zertifizierung verstärken. Modern heißt in diesem Zusammenhang , systemwissenschaftlich orientiert‘ und ‚technologiebezogen kommuniziert‘. Wollen Unternehmen die Nachhaltigkeitsprogrammatik zu ihrem Gewinn nutzen, werden die Manager weniger naiv mit den Aspekten der globalen Verantwortung umgehen müssen. Wenn sie die Vermarktung über die Methodik der Interaktion vorantreiben, wird es ihnen gelingen, die Problemlösungsfähigkeit und Zukunftsfähigkeit einer Unternehmung zu sichern. Die gesamtgesellschaftliche Begutachtung wird zur Legitimationsgrundlage für das wirtschaftliche Bestehen der Unternehmen. Gerade den mittelständischen Unternehmen schaden sowohl geographische als auch betriebliche Einengungen. Sie lassen sich über strategische Allianzen sprengen. Universale Entwicklungen werden leichter antizipiert, wenn möglichst viele Einflussfaktoren berücksichtigt sind. Evaluierungen übernehmen die Rolle von Frühwarnsystemen. Das Kontinuum des Marketing-Controlling ist dazu da, Aktionen zu überwachen und die wirtschaftliche Planung flexibel zu halten. Die externen Evaluierungen erleichtern die Reaktion im strategischen Marketing. Dies wirkt sich sowohl auf Produktion und Entwicklung als auch auf das immaterielle

Unternehmensdesign aus. Meistens erweist sich eine outgesourcte Evaluierung der strategischen Parameter als effektiver als eine im Innenverhältnis belassene Kontrolle.

Nachhaltigkeits-Controlling ist nichts anderes als ein zielorientiertes Rating, das sich in einem Prüffeld zwischen Zielvorgaben von Verantwortung und Leistungsmaßstäben abspielt. Der Optimierung von Betriebsabläufen stehen die Zielvorgaben des technologischen Erfolgspotenzials gegenüber. Der innovative Gehalt von Produktentwicklungen und die Fertigungsexzellenz ergänzen den Prozess einer nachhaltigen Strategiefindung. Für beide Prozesse ist der Zeitaufwand wichtig. Die Qualität der Produktionskette ist ohne ein exzellent ausgeführtes Clienting zahnlos. Will ein Vertrieb reaktionsschnell handeln, braucht er die Vorgaben des kundenorientierten Marketings, das auf die Verfügbarkeit von bestens entwickelten Neuprodukten und Serviceleistungen für ein Partnerschaftsverhältnis zum Kunden setzt.

Cluster 1: Der Innovationsperspektive stehen die technologische Führerschaft und der Lernprozess im Entwicklungsmarketing gegenüber. Daraus ergeben sich die Realisierungsfähigkeit und die Marktreife der Innovation.

Cluster 2: Der finanzwirtschaftlichen Perspektive stehen die Zielvorgaben des wirtschaftlichen Überlebens und des Mehrwertes gegenüber. Daraus werden die Aussichten auf eine zukünftige Entwicklung geschlossen. Als Leistungsmaßstäbe gelten auch in der Werteökonomie der Cashflow, das Umsatzwachstum und die Steigerung von Marktanteil und Eigenkapitalrendite.

In einer Erstdiagnose werden die Voraussetzungen, die aus der Vergangenheit übernommen wurden, definiert. Daraus wird die Bewertung der Zukunft in Form von Prognosen geschlossen. Projekte und Aktivitäten sind auf die Wertschöpfungskette hin abgestimmt, um das gesamte Unternehmensprogramm auf die Grenzwerte hin zu optimieren. Jeder einzelne Programmteil wird auf seine Attraktivität hin durchleuchtet. Es müssen sowohl die Chancen als auch die Gefahren anbietender Synergien zur Nachhaltigkeit bewertet sein. Der Detail-Screen darf die Gesamtheit an Optionen nicht aus den Augen verlieren. Daraus generieren sich die konkreten Strategien zur Umsetzung.

Strategielosigkeit nach einer Evaluierung würde bei den komplexen Anforderungen eines Nachhaltigkeitsmanagements unweigerlich zum Misserfolg führen. Es ist kein Zufall, dass gerade erfolgreiche Entscheidungsträger wohl durchdachte Managementpraktiken einsetzen, wenn sie die Unternehmensleistung nach Kosten-Nutzen-Verhältnissen definieren. Die an Effizienz gewohnten Manager verdichten die gewonnenen Informationen mit Hilfe ihrer analytischen und intuitiven Fähigkeiten. Sie sollten in der Lage sein, im Sinne der globalen Verantwortung erfolgsversprechende Konzepte für die Zukunft zu konstruieren.

Werden die Werte aus einem komplexen Umfeld gewichtet und segmentiert, kann sich das Management leichter im Spannungsfeld zu den Konsumentenbedürfnissen orientieren. Das Begehren der User bestimmt die sich ständig ändernde Situation im Wettbewerb. Neu ist nur, dass sich die unternehmerischen Reflexe immer mehr auf die konkrete Vorstellung von Werten beziehen. Sie werden zu Richtungsweisern für Worst-Case- und Best-Case-Budgetierungen. Das macht die Schlagkraft in der Zielerreichung im Wertemanagement aus.

Fallbeispiel einer Unternehmens-Evaluierung

IST-SYSTEM	Kennziffer	Bench-Marking
Finanzierungskraft	11,47	20
Umsatzrentabilität	– 0,09	4
Bonität	9,5	15
Unabhängigkeitsgrad	0,16	4
Managementproduktivität	0,99	0,5
Soziale Verantwortung	2,5	9
Ökologische Verantwortung	1,5	5
Innovationsverhalten	1,5	3
Consumer Relationship	3,5	8

Strategische Wertschöpfung Eine parallel jederzeit den Wandel beurteilte „Negativ- und Positiv-Polung" der Fragestellung ermöglicht einen raschen und verdoppelten Kontrolleffekt der Evaluierung:

Negative Polung der Parameter

- Marktanteil in Nachhaltigkeit
- Finanzierungskraft für progressive Projekte
- Unternehmensstruktur
- Produkt-Range
- Marketingpotenzial

Positive Polung der Parameter

- Marktfähigkeit in Nachhaltigkeit
- Eigenkapitalbasis
- Managementqualität
- Innovationsfähigkeit
- Betriebsergebnis im Branchendurchschnitt

Die Gegenüberstellung der beiden bipolaren Ergebnissäulen mit umgekehrten Vorzeichen erhöht die Validität der Gesamtevaluierung.

2.3 Entscheidungsfindung

Diskursives Vorgehen Entscheidungen sind meist dann gut, wenn sie gut vorbereitet sind. Wenn es auch sehr einfach klingen mag, ist es doch nicht so leicht, die richtige methodische Vorbereitung einer Entscheidung zu finden. Qualitativ gute Entscheidungen sind in der modernen Werteökonomie solche, die nachhaltige und übergreifende Lösungen mit sich bringen. Das Kriterium eines positiven Ergebnisses ist die Quantifizierbarkeit des Vorteils bei minimiertem Nachteil. Da es gewöhnlich mehrere Ansätze zu Problemlösungen gibt, sind Pay-off-Matrizen nützlich, um den richtigen Entscheidungspfad zu finden.

Die Bereitschaft zu einem kalkulierten Risiko ist das „Tüpfelchen auf dem i" im Entscheidungsfindungsprozess. Der ideale Manager gestaltet sich als eine Kombination aus Denker, Macher und Fühler. Entscheidungsträger orientieren sich im optimalen Fall nach Flussdiagrammen, aus denen sich die Entscheidungsfindung nicht nur rational, sondern auch rasch ableiten lässt. Die Auswirkungen von Geschäftsentwicklungen werden mittels Matrizen antizipiert, indem die einzelnen Strategie-Variablen miteinander verglichen werden. Nach dem internen Abgleich werden sie mit den Umfeld-Deskriptoren korreliert.

Nicht selten verändern sich während eines Entwicklungsprozesses die Bedingungen und mit ihnen auch die Zielsetzungen und Service-Charakteristiken von Leistungen. Die Änderungen werden in Flussdiagrammen sofort eingetragen und auf die neuen Perspektiven projiziert. Der Eintrag in den Flow-Charts oder in den Computern kommt zur Geltung, wenn er immer à jour gehalten wird. Die neuen Tabellen, vorzugsweise sind es kartesische Entscheidungskoordinaten, signalisieren den Managern sehr schnell, wo es langgehen könnte. Die Entscheidung ist nicht nur spieltheoretisch angelegt, sondern erfolgt fast schon spielerisch.

Die Macht des Gefühls Das Gefühl sagt uns, ob wir das Wissen auch wirklich verfügbar haben und zu unseren Gunsten abrufen können. Eine angewandte Entscheidungssystematik hilft, die Wahrscheinlichkeiten und die daraus zu ziehenden Konsequenzen zu optimieren. Sie unterstützt den unternehmerischen Denkprozess. Erst wenn Manager die Navigation durch die Problemfelder über solche Erfahrungen verinnerlicht haben, können sie sich auch auf ihr Bauchgefühl verlassen. Sie verhalten sich dann so wie erfahrene Paragleiter, die die Instrumente der Navigation vielleicht nur mehr am Rande benötigen. Ausschlaggebend für die richtige Entscheidung ist das innere Engagement. Es ist die Vorbedingung für die Akzeptanz des Wertemanagements. Dieses spiegelt sich in den Unternehmensidentitäten wider, die durch Zertifizierungen aufgewertet und gefestigt werden.

Marketing-Know-how in der Nachhaltigkeit 3

Die althergebrachte Auffassung von Marketing ist auf die neuen Wertemuster hin zu modifizieren. Die ausgedienten Paradigmen stimmen mit der globalen Wirklichkeit nicht mehr überein. Qualität und Nutzen sind mit den neuen Indikatoren der Werteökonomie unterlegt. Nachhaltigkeit, Markensicherheit und kundenorientierte Qualität stehen auf dem Monitoring der modernen Marktsysteme.

Die Elitekonsumenten selbst werden sich mit der Produktgüte einerseits und den Firmendispositionen andererseits auseinandersetzen wollen. Labelling und Benchmarking werden zu gewohnten Kaufmechanismen. Mit diesem Zugang zum Markt werden den Elitekonsumenten andere Konsumenten folgen. Sie werden nicht mehr wie früher bloß Zaungäste eines Zustandes sein, den sie als naturgesetzlich empfinden, was er aber nicht ist. Ohne ihre kritische Mitbeteiligung ist eine nachhaltige Wirtschaft undenkbar.

Das Unternehmen der Zukunft braucht nicht nur seine Bewertung, sondern auch die Möglichkeit, diese zu veröffentlichen. Klassische oder digitale Labels unterstreichen das Selbstverständnis von Unternehmensidentitäten. Sie charakterisieren das Management der Energieressourcen, der Umweltverträglichkeit und der sozialen Verantwortung. Nicht zu unterschätzen ist der volkswirtschaftliche Zusatzeffekt der Arbeitsplatzbeschaffung. Die Zahl der Einsatzkräfte, die auditieren, checken, evaluieren und beraten wird in den verschiedensten Segmenten expandieren.

Wie sich Unternehmen im Innen- und Außenverhältnis darstellen und wie ihre Konzepte genutzt sind, wird von Käuferseite beobachtet. Die Konsumenten brauchen die von der Wirtschaft angebotenen Instrumente der Information, um der Verantwortung am Markt zu ihrem eigenen Vorteil gerecht zu werden. Die

G. Matuszek, *Management der Nachhaltigkeit*,
DOI 10.1007/978-3-658-02290-7_3, © Springer Fachmedien Wiesbaden 2013

Bewertung ist die Guideline der Netzwerke. Deswegen wird sie zu einem bedeutenden Handlungsmaßstab in den Manageretagen. Die Konsumenten selbst werden die Diskrepanz zwischen Bedürfnis und Wirklichkeit in eigener Verantwortung überwinden.

3.1 Wie wird die Nachhaltigkeitszukunft inszeniert?

Der Wirtschaftmodus der Nachhaltigkeit repräsentiert einen neuen Lebensstil. Der Beitrag zur Unternehmenskultur einer Werteökonomie beginnt mit jener Initialzündung, welche die unzeitgemäßen Marketingkonzeptionen durch werteorientierte Leitgedanken ersetzt. In Problemlösungskonferenzen werden die erfolgsbestimmenden Geschäftsfaktoren so festgelegt, dass sie für positive Unternehmensergebnisse gut sind. Dort wird auch der Startschuss für innovative Technologien gegeben.

Ob präventiv oder im Krisenmanagement, effektive Problemlösungsstrategien sind nie kurzfristig angelegt. Partnerschaften erweisen sich als nützlich, wenn sie die Unternehmensstabilität ergänzend fördern. Die Marktführerschaft in Nachhaltigkeit wird im zunehmenden Maße über ein langzeitliches Reputations-Management gekürt.

Nachhaltigkeits-Items

- Bewertung der Erfolgspotenziale im Unternehmen
- Anpeilen von strategischen und operativen Höchstleistungen
- Übereinstimmung der Marketingziele mit ihrer Funktionsgerechtigkeit
- Nachhaltigkeitsoptimierung von Marken-, Produkt- und Sortimentsentscheidungen
- Nachhaltige Steuerung der Absatzwege
- Beobachtung der Reaktionen auf dem multidimensionalen Markt
- Beachtung der Markt- und Kundenbedürfnisse
- Adäquater Transport der Werbeaussagen
- Beachtung der globalen Kostendynamik
- Sinnvolle Marketingfinanzierung
- Technologieeinsatz im CRM unter Berücksichtigung der Kosteneffizienz
- Nutzung von Synergiepotenzialen aus strategischen Allianzen

3.2 Marketingmatrix

Marketing ist nach wie vor die bedeutende Schlüsselgröße des betrieblichen Erfolges. Im strategischen Marketing werden alle Potenziale auf die bestmögliche Nutzung hin untersucht, um sie dann systematisch für die Vermarktung auszuschöpfen. Die permanente Beobachtung der internen und externen Einflüsse bildet einen Mechanismus, der von optimierter Strategie zur empfohlenen Taktik leitet.

A. Strategierahmen

- Diversifizierungsstrategien
- Ertragsdefinitionen
- Risikoanalysen
- Wertsteigerungsprogramme
- Analyse der Kundenperspektiven
- Innovationswertigkeit
- Strategisches Netzwerkmanagement

B. Taktischer Aufbau

- Konzeptbeobachtung
- Qualitätsdefinition
- Vertriebsalternativen
- Copy-Strategies (Aktions-Marketing)
- Preis-Taktik-Tabellen

3.3 Erfolgsmatrizen im Nachhaltigkeitsmanagement

Evaluierungs-Matrix

Finanzen

++	+ -
I **Erfolg**	**II** **Wertzuwachs**
III **Überleben**	**IV** **Crash-Gefahr**
-+	--

J-G M

Leistungsmaßstäbe

I:

Vierteljährl. Umsatzwachstum

in Betriebsergebnissen nach Sparten, Produktgruppen

II:

Steigerung des Marktanteils

und der Eigenmittelrendite

III:

Aktivitätenplan laut Cashflow, der zur Risikoreduzierung führt

IV:

Bearbeitung der

Negativparameter

Evaluierungs-Matrix

Betriebsablauf intern

++	+-
I **Fertigungsexzellenz**	**II** **Leistungsfähige Produktentwicklung**
III **Technologisches Potenzial**	**IV** **Fertigungs-Nullstand**
-+	- -

J-G M

Leistungsmaßstäbe

I:

Durchlaufzeiten, Stückkosten, Ertrag

II:

Effizienz in der Technologie

Tatsächlicher Verlauf der Einführung neuer Produkte

III:

Vergleich der eigenen Fertigungstechnik mit dem Wettbewerb

IV:

Bearbeitung der Negativparameter

Evaluierungs-Matrix

Konsumentenverhältnis

++	+-
I **Partnerschafts-** **verhältnisse**	**II** **Neuprodukte**
III **Reaktionsschnelligkeit**	**IV** **Service-** **Defizite**
-+	- -

J-G M

Leistungsmaßstäbe

I:

Strategie globaler Verantwortung

Umfang gemeinsamer

Entwicklungsanstrengung

II:

Umsatzanteil neuer Produkte

III:

Produktechtheit, Lieferpünktlichkeit

IV:

Negativparameter

Evaluierungs-Matrix

Innovationen

++	+-
I **Marktreife** **neue Produkte**	**II** **Technologie-** **führerschaft**
III **Lernprozess in** **der Fertigung**	**IV** **Defizite in** **der Marktreife**
-+	- -

J-G M

Leistungsmaßstäbe

I:

Eigene Neuprodukteinführung verglichen mit dem Wettbewerb

II:

Entwicklungsgrad der nächsten Produktgeneration globaler

Verantwortung

III:

Bearbeitungszeit bis zur Produktreife

IV:

Negativanteil der Innovationen

4 Change-Management

Welchen Bedarf an Veränderung hat ein Unternehmen? Veränderungsbereitschaft ist nicht selbstverständlich. Die Motivation ist darauf ausgerichtet, Nachhaltigkeitsbedarf zu wecken und durch proaktives Verhalten den Vorsprung zu schaffen. Nachhaltigkeit ist die Kernaussage zum Thema Change-Management. Es braucht vernünftige, aber auch mutige Erfolgsgeschichten. Um Nachhaltigkeit kontinuierlich zu verbessern, werden die Unternehmen auf Orientierungshilfen setzen, welche die globale Verantwortung definieren. Der Veränderungsprozess stellt die Weichen für stärkere Marken-Evidenz. Sie beruht auf Umweltverantwortung, sozialer Verantwortung, Business-Fairness, Corporate Fitness, konsumentenoorientierte Beratung und Internetsicherheit. Zuerst bedarf es der Consultatio, bevor es in den Dialog mit den Konsumenten geht. Wenn Unternehmen Kurs auf Nachhaltigkeit nehmen, werden sie die Leistungsabläufe bestmöglich optimieren wollen. Dies schließt die Bereitschaft zur Innovation ein. Unverzichtbar wird die Verbreitung der Neuerung im internationalen Kontext.

Faktoren im Change-Management

- Kybernetische Management-Schleife
- Interaktives Wissensmanagement
- Human Engineering Verhaltenskomponenten
- Aufbau strategischer Allianzen

Inhalte von Change-Management

- Evaluierung der Servicequalität
- Evaluierung der globalen Verantwortung
- Zertifizierung und Empfehlung

G. Matuszek, *Management der Nachhaltigkeit*,
DOI 10.1007/978-3-658-02290-7_4, © Springer Fachmedien Wiesbaden 2013

4.1 Development-Management

Innovationsstrategien verlangen nicht gleich nach den Befunden von Problemlösungen, sondern entschlüsseln zunächst, warum etwas Neues gesucht wird und warum etwas für den Wandel getan werden muss. Dieser Vorgang ebnet das Feld zu neuen Erkenntnissen und rechtfertigt den Sinn von Investitionen. Produktentwicklung ist ein komplexer Prozess und muss sich nicht immer in den eigenen Mauern abspielen. Zum Auftakt werden die eigenen Möglichkeiten eines Unternehmens für innovatives Management gecheckt, bevor die Entwicklungsabteilung die Durchführung übernimmt. Wenn die Innovationstauglichkeit einmal definiert ist, können auch Vorzüge von Partnerschaften eruiert und Kooperationsmöglichkeiten herausgefiltert werden. Das neue Aktionsprogramm steht, wenn die Wachstumsmärkte lokalisiert, die Ressourcen abgestimmt und brauchbare Strategien für die Neuorientierung entworfen worden sind.

Development-Strategie

- Potenzialüberprüfung
- Chancenauswertung
- Due Diligence

Raster der Technologiewelle

- Vergleich von bestehender Technik zu Merkmalen, Vorteilen und Nutzen von Innovationen
- Consumer Benefit der Innovation
- Unique Sales Profit der Innovation
- Unique Selling Proposition der Innovation
- Substitutionsgrad
- Zukunftskriterien der Kundenorientierung und der Nachhaltigkeit

Nachhaltige Neuorientierungen gedeihen dann, wenn sie eingeleitet werden, bevor sie das Umfeld erzwingt. Externe Zertifizierungen helfen dabei, Kenntnisse vom Markt zurückzuerhalten und nicht nur innovative Produkte, sondern auch innovative Geschäftsideen in der Öffentlichkeit zu streuen.

Was befähigt den Manager, neue Geschäftsideen zu entwerfen? Zum innovativen Managen gehören folgende personalspezifische Fertigkeiten:

- Rechtzeitiges Erkennen der Dynamik von Rückkoppelungen
- Einbeziehung von nicht systemimmanenten Mustern
- Bildung von Visionen und emotionalen Resonanzen zur Risikobereitschaft
- Moderation von Expertenwissen im Unternehmen
- Sicherung maximaler Transparenz in den Entscheidungsfindungsprozessen
- Offensive Publizität von Erfolgen, Initiativen und Zertifizierungen

4.2 Unternehmensproduktivität durch Change-Management

Wenn Change-Management als die Konzeption der positiven Abweichung definiert ist, sind Manager aufgefordert, solche Abweichungen in Richtung des Wandels über Abwägung der reellen Ertragspotenziale einzuleiten. Dazu stellen sie Parameter auf, welche die Funktionsfähigkeit des strategischen und operativen Marketings messen. Eine Hilfestellung zu einer geordneten Entscheidungsfindung bietet die bewährte Methodik für Problemlösungen nach Kepner-Tregoe:

- Filterung der Schwachstellen
- Stärken-Schwächen-Profil
- Differenzial einer Chancen-Risiken-Bewertung
- Navigation auf einer Entscheidungsmatrix

Schwachstellen werden nach Prüfung der wichtigsten betriebswirtschaftlichen Kennziffern in einer Diskussion mit den Unit-verantwortlich des Unternehmens eruiert. Die Optionen, die sich herauskristallisiert haben, werden nach Stärken und Schwächen in ein Koordinatensystem eingetragen und in einem Differenzial (Plus-Minus-Kurve) nach Chancen und Risiken benotet. Die Summe aller möglichen Lösungen lassen sich in einer Gesamtmatrix auflisten. Die Entscheidungsträger navigieren abschließend den gemäß ihrer Meinung bestmöglichen Weg für die Neuentwicklungen.

4.3 Marketing im Change-Management

Problemlösungskonferenzen führen zum produktiven Innovations-Scouting. Sie haben ein hohes Output-Niveau, wenn die Teilnehmer kontinuierlich in einem Persönlichkeits-Trimm unter Beweis stellen, dass sie konkrete Antworten zur Effizienzoptimierung liefern. Das Marketing des Change-Managements setzt auf die Qualität der weichen Faktoren, die das Nachhaltigkeitsmanagement beeinflussen. Das progressive Marketing-Tool der Zertifizierung findet seine Akzeptanz auf beiden Seiten des Marktspektrums. Die Interaktionen auf den Märkten stützen sich auf Kooperationen und Allianzen. Eine perfekte Unternehmenskommunikation fördert die globale Publizität von Neuerungen.

Systemisches Change-Management

- Checkups von Unternehmens-Usancen in sozialer und ökologische Verantwortung
- Auffinden technologischer Führerschaften in der globalen Verantwortung
- Entwicklungsmanagement und Beratung
- Netzwerkmanagement von Innovations-Launches
- Check des Umsetzungsvermögens von Nachhaltigkeitsprojekten
- Prüfung des Markenversprechens und der Effizienz
- Nachhaltigkeits-Reporting und Ergebnisveröffentlichung durch Zertifizierungen

4.4 Innovationsmanagement der Nachhaltigkeit

Der Umschwung im Systemaufbau bildet die Grundlage jeder Innovation. Unterm Strich kommen am Ende Dinge heraus, die man sich in ihrer Wirkung ursprünglich nicht hat vorstellen können. Je systemorientierter die Innovation gemanagt wird, umso positiver wird der Markteintritt. Die Neuausrichtung der Problemlösungsprozesse wird in drei Funktionen aufgelöst:

- Wertanalyse
- Gewinnplanung
- Wertschöpfung

Jedes unternehmerische Agieren ist zielorientiert. Multi-Brand-Strategien verstärken sehr oft eine umfassende Ideenauswertung. Deswegen sind Diversifikationen auf die richtige Anordnung der Prioritäten angewiesen. Sind diese einmal festgelegt, wird die Allokation der Ressourcen gewinnorientiert bestimmt. Doch erst wenn eine Technologie öffentlich bekannt und anerkannt ist, werden auch die Geldgeber aufmerksam. Der externe Berater wird dadurch zum Mediator für innovative Managementideen insbesondere auf dem Markt der Nachhaltigkeit.

4.5 Innovation & Timing

Das richtige Timing bestimmt die erfolgreiche Vermarktung von Innovationen. Wie agiert das Management mit auftauchenden Innovationen, damit der Markt reagiert? Wird der ökonomisch richtige Zeitpunkt abgewartet oder wird die Einführung in der Rolle des First-Movers versäumt? Nichts ist frustrierender im Innovationsmanagement als zu früh einen noch schlafenden Markt beglücken zu wollen oder dann doch den Anschluss verschlafen zu haben.

Eine professionelle Analytik kann die Potenziale rechtzeitig ausfindig machen. Dazu kommt das langjährig geschulte Gespür, das die erfahrenen Innovationsmanager auf ihrer nicht gerade leichten Gratwanderung der Produkteinführung begleitet. Sind sie zu früh oder zu spät dran? Mit Analytik und Gespür erkennen sie die Trends in den Kundenbedürfnissen rechtzeitig. Dann sind sie herausgefordert, die Einmaligkeit der neuen Idee abzusichern, aber auch intensiv zu publizieren. Es wäre ein folgenschwerer Managementfehler, Innovationen in ihren Ansätzen zu unterschätzen, sie nicht zu kommunizieren und damit den richtigen Zeitpunkt zur Vermarktung zu versäumen. Also werden Wahrnehmungs- und Entscheidungsfähigkeit das Handlungsglück der Manager begleiten.

Innovationen erweisen sich heutzutage als tückisch, wenn sie nicht auf Nachhaltigkeit geprüft sind. Die unerfreulichen Entwicklungen entstehen dann, wenn unechte Versprechungen gezielt gestreut werden. Nicht selten wurden über aufwendige Marketinganstrengungen unausgereifte und richtig schlechte Produkte auf den Markt gebracht, die den Konsumenten täuschten und erfolgsversprechende Marktsegmente in Verruf brachten. Natürlich distanzieren sich Investoren sehr schnell und auf lange Sicht von den geschädigten Geschäftsfeldern.

Besonders empfindlich für derartige Fehlentwicklungen ist der boomende Wellnessmarkt. So gab es beispielsweise den Schlager der sauerstoffoptimierten Getränke, bis sich herausstellte, dass der gewünschte Sauerstoff in den Gebinden nicht zu konservieren war. Als später neue Technologien auftauchten, die diese Erfordernisse erfüllten, konnten sie sich nur schwer am beschädigten Markt durchsetzen. Ein ähnlich trauriges Dilemma zeigen die verschiedensten Versionen von sogenannten Rüttelplatten und Schwingungsinstrumenten im Fitness-Sektor, die zwar das Richtige versprechen, aber es durch zweifelhafte Technologien nicht einhalten können. Auf diese Weise kann ein Hoffnungsmarkt durch das Marketing falscher Produkte kaputt gemacht werden. Spätere seriöse Innovationen haben es dann schwer, die nötige Akzeptanz zu finden.

4.6 Innovationsmanagement zur Ökologie

Der Clienting-Dialog in der Umweltverantwortung wird sich auf wirtschaftlich grundlegende Prämissen einigen:

- Ressourcenschonung
- Naturkonsens
- Schadensminderung
- Schadensbehebung
- Offene Kommunikation

Nur aus der Kenntnis der ökologischen Zusammenhänge ist ein nachhaltiges Innovationsmanagement für eine ganzheitliche Verantwortung möglich. Gefordert ist der Brückenbau zwischen den scheinbar unvereinbaren Welten der Ökonomie und Ökologie. Dann darf Innovation aber auch nicht zur Odyssee entarten.

Nachhaltiges Projektmanagement impliziert ein proaktives Controlling. Effiziente Nachhaltigkeitsprojekte dürfen keine unbeabsichtigten Folgen eines Rebound-Effektes haben. Sie dürfen keine Verschlechterung der Situation durch die Hintertür nach sich ziehen. So darf eine spätere Entsorgung eingesetzter Produktionen oder theoretischer Prinzipien nicht problematischer als die ursprüngliche Problemlösung sein.

Dies bedeutet, dass die Entwicklung selbst als nachhaltig geplant werden muss. Die Handlungsempfehlungen werden den Bedürfnissen und Zufriedenheitsaspekten der Konsumenten in ihrer globalen Verantwortung entsprechen. Die Produktdefinition ist somit gleichzeitig nutzenorientiert als auch bedürfnisorientiert. Der Organisationsaspekt spielt sich im Raum des verantwortlichen Verhaltens ab. Lebensstile der Nachhaltigkeit befriedigen sowohl die gesellschaftliche Wohlfahrt als auch den individuellen Wohlfühlanspruch. Die Rentabilitätsvorstellungen könnten unter Umständen an gesellschaftliche Grenzen stoßen. Dann wird sich nachhaltiges Management in der flexiblen Reaktion auf die Marktgegebenheiten einer globalen Verantwortung beweisen können.

Nachhaltigkeitsmanagement 5

5.1 Business-Axiome

Nachhaltigkeit und Gewinn Nachhaltigkeit hat etwas mit gleichzeitigem „nach vorne und nach hinten gerichtet sein“ zu tun, also mit Beständigkeit. So wie jetzt die „Manager in der Finanzkrise“ unfreundlich angesehen werden, könnten sich die „Nachhaltigkeitsmanager nach der Finanzkrise“ das Renommee der Könner und Macher erstreiten. Das Managerbild wird sich dann allerdings auf die Qualitäten globalen Verhaltens hin verändert haben.

Trotz oder gerade wegen der Wirtschaftskrise werden die Grundaxiome des Unternehmensfortschritts weiter wirken. Der Erfolg zukunftsorientierter Unternehmen beruht auf der Triade der Kompetenz in Internationalität, Innovation und Kommunikation. Natürlich werden große Global Player immer darauf aus sein, vorrangig Gewinne einzufahren. Jedenfalls sind Unternehmen unabhängig von ihrer Größe gut beraten, sich in der Nachhaltigkeit breit aufzustellen und sich international zu vernetzen.

Trotz mancher Unkenrufe hört Wachstum nicht auf, eine Managementmaxime zu sein und selbst wenn es nur um das Wachstum an neuen Ideen und Erkenntnissen ginge. Wachstum ist an Innovation gebunden. Deswegen werden die zukünftigen Spitzenreiter der Wirtschaft aus innovativen Strukturen kommen, die professionelles Change-Management präsentieren. Innovationen treten in sämtlichen Mini-Universen der Wirtschaft auf bis hin zu ihren Anknüpfungspunkten in Sport, Technik oder Kultur.

Strategische Allianzen Vernetzungen nehmen in der Wirtschaft an Bedeutung zu. Ein Erfolgsfaktor im zukünftigen Wirtschaften wird das richtige Managen von strategischen Allianzen sein. Die wichtigste strategische Allianz bleibt die mit den Konsumenten. Da die clevere Kunden in Zukunft noch mehr auf die Wahl ihrer

G. Matuszek, *Management der Nachhaltigkeit*,
DOI 10.1007/978-3-658-02290-7_5, © Springer Fachmedien Wiesbaden 2013

Produkte achten werden, bekommt die Identität einer Marke einen immer wichtigeren Stellenwert. Die Sicherheit und das Nachhaltigkeitsprestige von Marken sind sichtbare Kennzeichen von Markenseriosität. Eine netzwerkzentrierte Welt setzt auf die soziale Vernetzung, auch auf die Eventvernetzung und vor allem auf die Wissensvernetzung. Netzwerke erfordern ein möglichst exaktes Verstehen dessen, was da vor sich geht, damit mit geringem Investment schnell viel erreicht wird.

Die erfolgreichen Expansionen in Sachen Nachhaltigkeit sind nicht mehr im Alleingang zu bewältigen. Der Konkurrenzkampf nach altem Stil hat ausgedient. An dessen Stelle tritt das kooperative Handeln in Netzwerken. Da die Konsumenten die Differenzierung von Produkten genau begutachten werden, kommen solche Kooperationen ohne aufrichtige und professionelle Öffentlichkeitsarbeit nicht aus. In Netzwerken lässt es sich auch flexibler reagieren. Dennoch wird auch dort die Expansion neuer Ideen vom stets offensiven Verhalten bestimmt sein.

Leistungsevaluierung von strategischen Allianzen

- Managementdisposition
- Wachstums- und Sicherheitsdefinition
- Diversifikationsgrad
- Wertsteigerungsportfolios
- Synergiepotenzial-Analyse

5.2 Marketing der Nachhaltigkeit

Marketing – ein kybernetischer Prozess Marketing ist nicht tot, auch wenn es schon oftmals totgesagt wurde. Es gestaltet sich nur ganz anders, eben modern. Marketing ist mehr als nur ein Programm, Marketing ist ein kybernetischer Prozess, der von mehreren Programmen durchlaufen wird. Gut strukturiertes Marketing und innovatives Clienting sind notwendig, um den Übergang von der Strategie zur Umsetzung effizient zu bewältigen. Dadurch ist der Hochleistungssektor ‚Clienting' das bestimmende Marketingprinzip für die Konsumenten.

Die Marktstellung eines Unternehmens wird ausgebaut, wenn die strategischen Einheiten und Potenziale eindeutig definiert sind. Es wird sachgemäß antizipiert, klassifiziert, gewichtet und positioniert. Bei der Umsetzung ist es wichtig, Widerstände und Reibungsverluste per Evaluation mit einzukalkulieren. Nachhaltigkeitsmarketing hängt von der wirksamen Interaktion zwischen den Wirtschaftsunternehmen und den Konsumenten ab. Im Sinne der universellen Verantwortung werden neue sich bietende Potenziale erschlossen. Die Marktforschung stimmt sich darauf ein, indem sie die internen und externen Einflussfaktoren von Nachhaltigkeit überprüft.

Das algorithmische Vorgehen von der Vision zur Strategie spiegelt sich in den Aktionen der Marktverwirklichung wider. Das Leitmotiv der Nachhaltigkeit bestimmt die strategische Vorgangsweise, die von der Programmauswahl bis ins operationalisierte Detail mitspielt. Der größtmögliche Effekt im Wertezuwachs wird erzielt, wenn sich alle Akteure des Managements auf dieses Leitmotiv konzentrieren. Nachhaltigkeit ist sachlich derart komplex, dass es nicht ratsam ist, nur aus dem Bauch gefällte Entscheidungen zuzulassen.

Gelungene Diversifikationen spielen sich im Servicefeld der umfassenden Verantwortung ab. Diejenige Geschäftsstrategie wird die beste sein, die sich an die neue Marktsituation der Nachhaltigkeit anpasst. Dementsprechend sind die Marktanalysen auf die Nachhaltigkeit der Produkte und Dienstleistungen sowie auf deren Prestige fokussiert. Wenn es um die dominante Sichtbarkeit von nachhaltiger Qualität geht, müssen auch die Dienstleistungen der Nachhaltigkeit ganzheitlich dem Konsumenten präsentiert werden.

5.3 Der Marketing-Entscheidungsbaum zur Nachhaltigkeit

Algorithmen-Flow-Chart

- **SITUATIONSANALYSE**
- **ZIELSETZUNG**

⇨ **CONSUMER BENEFIT**

⇨ **USP**

⇨ **SZENARIOS**

⇨ **ACTION PLANNING**

J-G M ⇨ **APPROPRIATIONS**

Wirkungsvolles Marketing hängt in der Werteökonomie weitgehend von der Marken-Reputation ab. Das Bekenntnis zu kontinuierlichen Innovationen im Nachhaltigkeitsbereich wirkt der lähmenden unternehmerischen Selbstzufriedenheit entgegen. Strategien, die Erfolgspotenziale in vernetzten Kooperationen aufbauen, erzeugen nicht nur größere Anziehungskraft am Markt, sondern führen auch zu Spitzenleistungen in der Vermarktung von Ideen.

Eine Unternehmenskultur, die nach außen wirkungsvoll vermittelt wird, muss vorab genau definiert sein. So richten sich die strategischen Geschäftseinheiten immer mehr auf mehrdimensionale sozioökonomische Portfolios aus. Nicht mehr die Branchenstruktur determiniert das Unternehmensverhalten, sondern der Dialog mit dem Konsumenten. Zu den Gewinnzielen des üblichen standardisierten Business gesellen sich soziale Indikatoren, Umweltindikatoren und die Art und Weise, wie in den Unternehmen Business gemacht wird und wie Probleme gelöst werden. Die Konsumenten entscheiden mit ihrem Kaufverhalten. Nicht die Bequemlichkeit und schon gar nicht die Unkenntnis darf dieses bestimmen. Die Verführung zum falschen Kaufentscheid ist weder für das Individuum noch für die Gesellschaft gesund.

Das „Management by Objectives" in Sachen Nachhaltigkeit stellt auf diese Interaktion zwischen Unternehmen und Konsumenten ab. Die Konsumenten bestimmen mit, wann nachhaltiges Marketing, für welche Märkte, zu welchen Bedingungen konzipiert wird. Das „Wie" liegt in den Händen des Unternehmensmanagements. Die Sensibilität für globale Verantwortung auf den Märkten und in den Unternehmen rückt immer mehr in den Vordergrund des wirtschaftlichen Alltags.

Manager tun sich in der Strategieentscheidung leichter, wenn sie sich top-down nach der Konzeption von strategischen Strategieblättern richten. Darin sind die Zielsetzungen der Nachhaltigkeit enthalten, die zum Consumer Benefit und zur Unique-Selling-Proposition führen. Matrizen zeigen auf, welche Vorteile und Chancen, Schwächen und Gefahren für das Unternehmen entstehen, wenn die richtigen Optionen im Wertemanagement erkannt werden. Die Wirkungen des Wertemarketing werden so antizipiert, dass sich aus der Effizienzrangordnung die Allokationen der Ressourcen konkret ableiten.

Marketingentscheidung

- Festsetzung der Bedeutung der Kerngrößen Von Nachhaltigkeit
- Positionierung des Segment-Potentials der Nachhaltigkeit
- Definition der Unterscheidbarkeit von Produktmerkmalen
- Einprägsamkeit des Leistungsangebotes
- Szenarienspiel verschiedener Kooperationen
- Aktionsplanung
- Externes Controlling und Zertifizierung

5.4 Die Lernkurve der Nachhaltigkeit

Die Lernkurve der Nachhaltigkeit richtet sich nach dem Angebot von Alternativen der ökonomisch gerechtfertigten Problemlösungen. Nachhaltigkeitsportfolios leuchten die Konzepte für eine umspannende Verantwortung sowohl innerhalb als auch außerhalb der Unternehmen aus. Konsumenten werden in ihrer Erwartungshaltung ernst genommen, wenn das Nachhaltigkeitsdenken in den Unternehmen offensiv genug angelegt ist. Dort wird der Grad der Nachhaltigkeitsqualität bestimmt, indem an der Zuverlässigkeit und Sicherstellung der nachhaltigen Verantwortung gearbeitet wird.

Ideen für innovative Technologien gehen erst auf, wenn sie sich gegen den Widerstand eines Status quo-Verhaltens durchgesetzt haben. Weit ausholende Modelle intensiver Publizität helfen bei der effizienten Vermarktung. Benchmarking ist keine Geheimniskrämerei und gehört nach außen getragen. Zertifizierungen und Empfehlungen garantieren die gelungene Promotion von Nachhaltigkeit.

Die unternehmerischen Aspekte von globaler Verantwortung machen sich spätestens in der Optimierung von Versorgung und Logistik bemerkbar. Allein um die Versorgungskette im Sinne von Nachhaltigkeit ‚clean' zu halten, sind Kooperationen notwendig. Die Kontrolle der Authentizität in der Zulieferkette ist im Alleingang nicht zu schaffen. Außerdem können gerade in der Startphase der Vermarktung innovativer Produkte über Kooperationen Sparpotenziale herausgearbeitet werden, damit kann die Rentabilität gesichert werden. Die Ausarbeitung vergleichender Schemata in der Umsetzungskapazität und in den Strukturen von Lieferung und Vertrieb gehören zum Aufgabenbereich einer guten Kooperationsberatung.

Ein gut fundiertes Outsourcing unterstützt somit das nachhaltige Innovationsverhalten. Um im Wettbewerb vorne zu bleiben, muss die Entwicklung einer Wertebestimmung sehr früh erkannt sein. Nachhaltige Angebote sind leichter zu vermarkten, wenn ihre Brauchbarkeit festgelegt und ihre Effizienz nachgewiesen ist. Das Innovationsmanagement der modernen Werteökonomie wird über Modernisierungskonzepte des Change-Managements gemeistert. Outsourcing und strategische Allianzen stützen den effizienten Vermarktungsprozess.

Natürlich werden die großen Unternehmen den Versuch nicht auslassen, den Kuchen des Prestigemanagements unter sich aufzuteilen. Die Kleinen haben aber immer die Chance, mehr als nur Lückenbüßer zu sein. Sie bieten den Großunternehmen durch strategische Allianzen Paroli. Ein kompletter Verzicht auf Prestigepflege schadet langfristig allen Unternehmensformen, unabhängig von ihrer Größe.

Serviceorientierung ist wichtig, weil die Kunden konkrete, wirtschaftlich sinnvolle und korrekte Problemlösungen haben wollen. Soziale Verantwortung besteht im Anspruch, den Widerspruch zu ethischen Richtlinien aufzulösen. Unternehmen werden an ihrer Umweltverträglichkeit gemessen, wenn es darum geht, Naturressourcen in einem umsichtigen Management zu schonen. Dazu gehören die Aspekte der Wasserwirtschaft, der Abfallwirtschaft, der Energiewirtschaft und des Klimaschutzes. Inkludiert sind Beschaffungsmanagement, Technologieeinsatz, Energiestruktur, Recyclingmaßnahmen.

Die Effektivität der Nachhaltigkeitsoptionen betrifft den Feedbackprozess zwischen Kunden und Unternehmen. Ökonomisch beinhaltet ein nachhaltiges Verständnis die Ausrichtung auf das richtige Navigieren zwischen den kostenreduzierenden Optionen, um neue Einsparungspotenziale zu generieren. Die Leistungssteigerung braucht das langfristige Verständnis für Investitionen in Industrialisierungsprozessen.

Eine weitere Komponente stellt der gesundheitsbewusste Lebensstil dar. Es wird nötig sein, diesen Aspekt vom Elitären ins Flächendeckende zu transportieren. Dies beginnt schon im Persönlichkeitsmanagement. Stressbewältigung, psychische Stabilität und Gesundheitsvorsorge sind Aspekte des Zustandes einer Persönlichkeit im oder auch außerhalb des Managens. Die Sensibilität für Gesundheit wird in Zeiten, in denen Menschen immer länger im Arbeitsprozess integriert sind, breitere Schichten erfassen. Nachhaltigkeit im Gesundheitsstatus wird allen viel wert sein.

Sämtliche Szenarien der Nachhaltigkeit finden sich im Unternehmensmanagement wieder. Sie basieren auf Change-Management, auf Innovationen und auf globaler Verantwortung. Und sie fallen für kein Unternehmen vom Himmel. Diese Dynamik fordert die Unternehmen heraus, die Nachhaltigkeit im Innenverhältnis und gleichzeitig in der Beziehung zum Kunden auf Vordermann zu halten.

Jedes Unternehmen braucht seine eigene und wenn noch so kleine Denkwerkstatt. Die Impulse, mit Zukunft umzugehen, kommen zwar über das Consulting von außen, aber die innovative Kreation schafft jedes Unternehmen selbst.

Expertisen in

- Serviceorientiertheit
- Soziale Verantwortung
- Ökologische Verantwortung
- Scouting von Nachhaltigkeitsoptionen
- Modalitäten zur Kostenreduktion
- Wellness-Verantwortung in der Persönlichkeitsentwicklung
- Innovatives Management
- Informiertes Einkaufen am Point of Sales
- Unternehmensethik und globale Verantwortung

- Soziale Motivation
- Netzwerkinitiativen für Innovationen
- Professionelles Auftreten der neuen Managerpersönlichkeit
- Wellbeing-Bewusstsein
- Groupmind-Management im Dialog mit Konsumenten
- Sinnkultur und korrektes Handling der Nachhaltigkeit

6 Internationales Management

Kaum sind die härtesten Debatten zur Wirtschaftskrise ausgestanden, versuchen manche Politiker sich von der Ganzheitlichkeit abzukoppeln und sich auf eine engstirnige Regionalisierung zu beschränken. Geleitet von Angst und kurzsichtigem Machtstreben neigen sie dazu, Partikularinteressen zu fördern. DerglobalenWirtschaft tut es weh, wenn Binnenmärkte einseitig geschützt und der freie Wettbewerb gehemmt werden sollen. Der Markt braucht nicht weniger, sondern mehr globale Verknüpfungen, um zukunftsfähig zu bleiben.

Der vernetzte weltumfassende Markt findet unausweichlich seine Effekte im regionalen Management. Umgekehrt sind die globalen Risiken immer auch aus den spezifischen regionalen Blickwinkeln zu betrachten. Sie wirken sich auf die strategische Ausarbeitung, auf Kooperationen und auf die Umsetzung im Exportmarketing aus.Manager sind zum Change-Management befähigt, wenn sie es aus einem umfassenden Innovations-Know-how ableiten. Innovation braucht Legitimität, denn nur aus der Kenntnis der Zusammenhänge ist Change-Management möglich.

International orientierte Manager sehen sich mit der Frage konfrontiert, mit welchen Entwicklungen sie sich in der globalen Verantwortung auseinandersetzen müssten. Denn es sind Beweggründe der nachhaltigen Ökonomie, die zu profitablen Transaktionen und Kooperationen führen. Die Konzeption von Innovationen beginnt zunächst im Rahmen des regionalen Development-Managements. Innovationen sind marktkonform, sobald sie grenzüberschreitend durchsetzbar sind. Davor haben sie den Anspruch auf Industrie- und Markttauglichkeit zu erfüllen. Ein effizientes internationales Management für neue Produkte beginnt mit der analytischen Betrachtung des Weltmarktes und seiner Relationen.

Manager werden nicht umhinkönnen, sowohl das ökonomische als auch das soziopolitische Umfeld ständig zu beobachten, wenn sie die Entwicklungen der unterschiedlichen Strukturen rechtzeitig erkennen wollen. Auch in den kleinen und mittelständischen Unternehmen dürfen die Entscheidungsträger diese

G. Matuszek, *Management der Nachhaltigkeit*,
DOI 10.1007/978-3-658-02290-7_6, © Springer Fachmedien Wiesbaden 2013

Aufgabenstellung nicht aus ihrem Tätigkeitsfeld ausklammern. Die Chancen und Risiken für internationale Austauschbeziehungen werden mittels bewährter analytischer Methoden herausgefiltert. Puzzleteil für Puzzleteil ergibt sich im systemischen Portfolio eines globalen Managementmix ein Bild des strategischen Erfolgsweges. Die finanzielle Allokation der Ressourcen ist kein Glückspiel. Sie resultiert aus den genau herausgefilterten Optionen. Diese ergeben sich oft verblüffend schnell und logisch aus der systematischen Beobachtung der Umfeldbedingungen. Professionell angelegte empirische Analysen und die daraus gefolgerte Maßnahmenplanung sichern eine vernünftige Budgetierung am besten ab.

Internationales Management ist nicht allein auf eine mechanistische Exportentfaltung zu reduzieren. Die involvierten Manager bewegen die Ressourcen eines internationalen Wissensmanagements, damit Kooperationen über die Grenzen hinaus gut funktionieren. Ihr global orientiertes Know-how der Nachhaltigkeit wird genutzt, um sich auf den Wandel der gesellschaftlichen Einflüsse in allen Segmenten einzustellen.

Globales Management wird dann als wirkungsvoll entschlüsselt, wenn es in der Öffentlichkeit anerkannt ist. Honoriert wird es mit der entsprechenden Reputation und den damit verbundenen Umsatzerfolgen. Nur ein kosmopolitisch ausgerichtetes Verhaltensmuster erleichtert die Schaffung und Durchsetzung neuer Wirtschaftsideen. Der Verlaufshöhepunkt eines auf globale Verantwortung ausgerichteten Managements ist erreicht, wenn Investoren die Bereitschaft anmelden, sich an den zukunftsträchtigen Projekten zu beteiligen. Erweisen sich die Applikationen als nachhaltig stark, werden in der Folge die internationalen Kompetenzen miteinander verbunden. Die Marktpenetration erfolgt schnell und unkompliziert.

Die Globalität im Management setzt auf die Kompatibilität intelligenter Organisationsformen und auf internationale Allianzen. Die Visionen und Strategien der Nachhaltigkeit spiegeln sich in Entwicklung, Produktion, Logistik und Vertrieb wider. Vom Projektbeginn an sind die Matrizenergebnisse der Zukunftskonferenzen auf die umfassende Wirtschaftlichkeit abgestimmt und beeinflussen die gesamte Entscheidungskette.

Kundenorientiertheit zeichnet sich dadurch aus, dass die Qualitätskriterien des nachhaltigen Managements so angelegt sind, dass auch die Konsumenten international mitdenken und interagieren können. Diese Art der Kommunikation funktioniert über die unterschiedlichsten digitalen und klassischen Formen. Ein Hightech-Labelling vermittelt dem Konsumenten komprimierte Informationen sowohl über die Systemzustände von Unternehmen als auch über die jeweiligen Marktkonstellationen.

Die Transparenz von Markt- und Markensicherheit wird mittels Zertifizierungen und Empfehlungen abgesichert. Das unternehmerische Engagement bekommt eine internationale Charakteristik, wenn die universale Verantwortung glaubhaft durch Evaluationen über die Grenzen hinaus publik gemacht wird. Die Bewusstheit von Verantwortung und Qualität lässt sich im Zeitalter des Internets und der Mobilkommunikation präzise vermitteln.

Globales Marketing für Kleine und Mittelständische Unternehmen

- Welche thematischen Netzwerke kommen für das Unternehmen in Frage?
- Welches Potenzial steckt hinter den globalen Märkten und mit welchen Strategien kann das Unternehmen daran partizipieren?
- Problemlösungen durch strategische Allianzen
- Definition der Erfolgspotenziale

7 Clienting & Kundenmanagement

7.1 Clienting-Strategien

Konsumenten sind in differenzierter Weise am Markt beteiligt. Der Kaufakt selbst reflektiert den jeweiligen Status der User. Der Bogen der Konsumentencharaktere reicht vom unbedachten Drauflos-Konsumierer bis hin zum selbstbewussten Elitekunden. Unternehmen haben nichts davon, wenn sie die Zielgruppen aufgrund von punktuellen Kaufgewohnheiten oder über fragwürdiges datenmanipulierendes Hacking beeinflussen möchten. Produktentwicklungen werden nicht den Gesetzmäßigkeiten subjektiver Wunschprogramme von Managern entsprechen. Auf diese Weise stellen sie sich nur ins Abseits der Seriosität. Sie entsprechen eher den Marktanforderungen, indem sie den Guidelines von Kunden-Typologien und -Topologien folgen. Ansonsten würden Unternehmen künstlich überfordert in neue Schwierigkeiten am Markt geraten.

Das Anspruchsdenken des individuellen Menschen wird sich auch in einer virtuellen Welt nicht ändern. Auch dort herrschen Gesellschaftssysteme vor, die Denkhaltungen von Individuen widerspiegeln. Selbst das Internet stellt nicht unbedingt einen Einheitsbrei dar. Neben den Massennetzwerken etablieren sich weitere Netzwerke, die zur Qualität herausfordern. Deswegen ist es für erfolgreiche Unternehmen nicht uninteressant, diese Zielgruppen mit unterschiedlichen Markenstrategien ideenspezifisch anzusprechen.

Die Grobklassifizierung zwischen Massen- und Elitekonsumenten splittet sich auf. Die „Yuppies – Young and Urban Professionals" sind noch lange nicht auf dem Abstellgleis. Sie verkörpern nach wie vor das Interesse am Fortschritt und sind an wertvoller und teurer Qualität interessiert. „Dinks – Double Income no Kids" haben verstärkt ihr eigenes Wohl im Visier. Wenn sie den Anspruch auf Qualität unterstreichen, werden sie nolens volens auf die Wellbeing-Strukturen nicht verzichten. Sie sind den Ansprüchen von Servicequalität, Umweltbewusstsein und Ethikvorstellungen ganz und gar nicht verschlossen. Unternehmen kommen gera-

G. Matuszek, *Management der Nachhaltigkeit*
DOI 10.1007/978-3-658-02290-7_7, © Springer Fachmedien Wiesbaden 2013

de dieser Zielgruppe entgegen, wenn sie ihre Bemühungen um die Werteökonomie zur Geltung bringen. „Slobbies – Slower but Better Working People" verkörpern den aktuellen Lifestyle aus der Kombination von Fortschritt und Wellbeing. Sie tendieren in ihrem Kaufverhalten mehr zu dem, was Bedeutung hat, als zu dem, was Konjunktur hat. „Woopies – Well off Better People" gehören zum Machertum der älteren Generation. Die Best Ager sind wegen ihrer Kaufkraft und ihrem auf Erfahrung beruhendem kritischen Umgang mit Marken ein selbstbewusster Ansprechpartner im Nachhaltigkeitsmarkt. Auch die „Grampies – Growing Retired Active Moneyed People in an Excellent State" sind als betuchte Business-Angels für die Wirtschaft der globalen Verantwortung mehr als interessant. Das Segment der „Yiffies – Young and Individualistic and Freedom Minded and Few" wird dem Luxusanspruch alten Musters kaum zugänglich sein, umso mehr dem Gedankengut der universellen Verantwortung. Die Cruiser als Gruppe der eher ärmlich ziellos Umherirrenden wird allerdings nicht leicht auf nachhaltiges Bewusstsein zu schwenken sein. Aufgeschlossen für die Idee der unbegrenzten Verantwortung dürften die Jüngsten sein, die „Skippies – Schoolkids with Income and Purchasing Power", die in den Umgang mit Geld bereits eingeführt werden und für eine langhaltige Qualität vereinnahmt werden könnten.

Unternehmen erfüllen den Anspruch auf Reputations-Management, sobald sie die Konsumenten als Markenbotschafter erkennen. Das aufmerksame Verfolgen der Marktchancen in der Öffentlichkeit macht sich immer bezahlt. Im Clienting, in der Kundenorientierung, kommen die hochgradig vernetzten Systeme den Konsumenten und den Unternehmen gleichermaßen zugute. Diese Austauschbeziehung zwischen Wirtschaft und Konsumenten verstärkt die Anziehungskräfte. Clienting ist Marktbeziehung.

Der anspruchsvolle Konsument der Zukunft wird auf Nachhaltigkeit setzen. Das Establishment der Konsumenten wird fortschreitend auf hochentwickelte Bedürfnisse verweisen. Aus der Rückkoppelung mit den Konsumenten und aus der daraus zu entwickelnden Trend-Exploration erhalten die Unternehmen wertvolle neue Erkenntnisse. Das Spannende an Clienting-Strategien besteht darin, dass es den einheitlichen Lebensstil für den Markt nicht gibt. Der interaktive Austausch von User-Gewohnheiten wird die differenzierten Bedürfnisse am Weltmarkt genau aufzeigen. Unternehmen, welche die innovativen Technologien für Dienstleistungen am Kunden am schnellsten bereithalten, werden die Nase vorne haben.

Die Konsumenten werden konsequent danach suchen, welche Signale für Integrität, Ethik und für wichtige Werte die Unternehmen ausstrahlen. Nur glaubhaft durchgeführte PR-Kampagnen für die universale Verantwortung gewinnen an Durchschlagskraft. Auf diese Weise provozieren die Konsumenten die Unternehmen, Innovationen zu verwirklichen. Darin besteht der neue Systemablauf der kybernetischen Marktschleife.

Consumer Relations Management (CRS)

- Exploration und Bewertung Neuer Technologien zur Markteinführung
- Leistungsoptimierung im Management der Nachhaltigkeit
- Business-Services im Innovationsmanagement
- Systematische Suche und Evaluierung Von Innovationen mit Empfehlung an Investoren
- Realisierung von Change-Management-Strukturen Mit Hightech-Lösungen
- Kooperationsmanagement und Moderation von strategischen Allianzen

Wie stellt sich eine Konsumenten-Unternehmens-Plattform in ihrer Effizienz dar? Im perfekten Segment stehen die besten Performer aus der Interaktion mit den Konsumenten, gefolgt von den Unternehmen, die ein professionelles CRM betreiben. Aus den verschiedensten Gründen der Gewinnorientierung setzen viele Unternehmen auf ein durchschnittlich geführtes Kundenzufriedenheitsmanagement. Im abgeschlagenen Feld befinden sich die Nachzügler, die von User-Service nicht allzu viel halten.

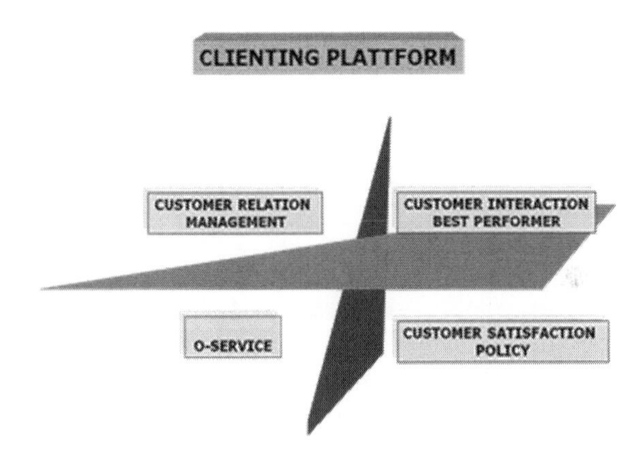

Kundensegmentierung im Unternehmen Damit aus sogenannten D-Kunden, die auf den ersten Blick so wenig Potenzial bieten, dass sie nicht betreut werden, C-, B- und A-Kunden gemacht werden, dürfen Unternehmen gerade im Ablauf der Kontaktierung und der Offerten nicht statisch verharren. Sie müssen kreativ vorpreschen. Die Dynamik der Interaktionen wird vom Profil der Unternehmen, von der Persönlichkeit ihrer Manager und vom geöffneten Marktpotenzial bestimmt.

Die Interessen interagieren zwischen den folgenden zwei bestimmenden Netzwerken:

Konsumenten Netzwerk		Unternehmens-Nutzen
Comparison-Shopping	↔	Mehrwert
Power-Shopping	↔	Kosten-Reduktion
Nachfrage-Netzerk	↔	Client-Relations-Profits

Die Wertigkeit der einzelnen Felder in den Netzwerken bestimmt die Erfolgsvariablen der Kommunikation. Sie konzentrieren sich auf die Erfolgsaussichten in den digitalen Netzwerken.

Variablen der Internetkommunikation

- Sortimentsqualität
- Zuverlässigkeit der Produktinformation im Internet
- Produkt- und Markensicherheit
- Reaktionsgeschwindigkeit des Informationsaustausches
- Content-Glaubwürdigkeit
- Kompetenz im Beratungsservice

7.2 Qualitätsmerkmale in der Wertewirtschaft

Es zahlt sich aus, dass die Konsumenten mehr in die Kontrollfunktion eingebunden werden. Perspektivisches Wirtschaften besteht darin, zu überprüfen, dass Nachhaltigkeit nicht verschleiert wird. Es wird am Markt hinterfragt werden, woher Rohstoffe stammen oder wie sich Geschäftstransfers abspielen. Sobald die Authentizität der von Unternehmen angebotenen Problemlösungen erkennbar ist, werden auch die Anforderungen ans Innovationsmanagement vielschichtiger. Die Konsumenten werden zum Turning-Point der Unternehmensstrategien. Neue Dienstleistungen entstehen und über Lizenzierungen werden die neuen Nutzungen vervielfältigt.

Mithilfe des elektronischen Dialogs werden die Konsumenten in die Clienting-Netzwerke integriert. Das Konsumentenpotenzial öffnet sich dem gesamtwirtschaftlichen Nutzen. Die Unternehmen profitieren davon, da sie auf der Basis eines informativen Dialogs das Kundenvertrauen stärken.

Kundenvertrauensbildung erfolgt also über Kommunikation. Sie zählt zu den Finalleistungen eines Unternehmens. Werbemaßnahmen, die bloß auf eine Eigenwerbung der Nachhaltigkeit ausgerichtet sind, schaffen noch kein Vertrauen. Als nutzlos erweisen sich die kostspieligen Inserate in Printmedien oder die Selbstbeweihräucherung von Firmen in pompösen Filmsequenzen. Denn den Konsumenten mit Verantwortungsbewusstsein ist die reine Werbeaussage zu wenig. Zertifizierungen, Labels, Fact-Sheets, Awards und Dokumentationen in Netzwerken sind es, die die Evidenz von Marken untermauern und das Image von Unternehmungen stärken.

Der Dialog zwischen Konsumenten und Unternehmen ist im IT-Zeitalter eine wirtschaftliche Herausforderung. Es ist äußerst produktiv, wenn der ruinöse Preiskampf gebrochen wird, um Qualität und Sicherheit zu garantieren. Wird mehr Preisreduzierung oder Qualität gepostet? Die Aufmerksamkeit sollte in der Zukunft den Unternehmen gewidmet werden, die sowohl auf Gewinn-Verlust-Schemata als auch auf Zukunftsverantwortung setzen. Fair Play ist in der Corporate Identity mehr als ein ethisches Schlagwort, es hilft sogar Verluste abzufangen. Auf jeden Fall wird Mehrwert erzeugt.

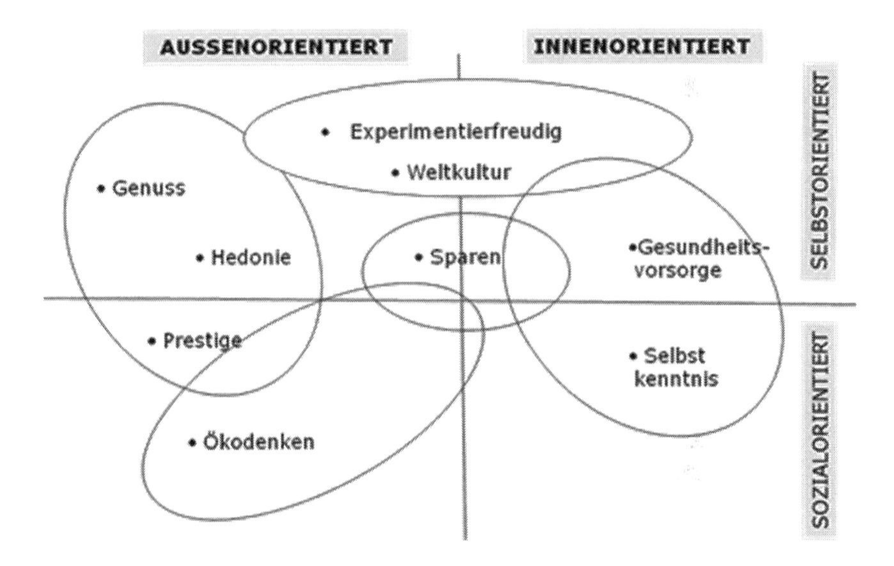

7.3 Clienting-Paradigmen

Es gibt neue Meilensteine im Marketingdenken, auf denen die Wertschöpfung der Zukunft sichtbar wird. Sie entschlüsseln, was ergebnisorientiertes Managen in der globalisierten Welt bedeutet. „Smart is beautiful"-Werte, nicht mehr Volumina stehen im Vordergrund. Kurzfristige Marketinghypes sind unproduktiv. Nachhaltige Leistung lässt sich nicht erzwingen, nur belohnen.

Wertschöpfungsketten

- Individualisierung der Bedürfnisse und der Lebensstile
- Vernetzung der Dienstleistungen im Fitness-Sektor und in der Medical Wellness
- Universale Verantwortung im Innovationsmanagement
- Streuung klug eingesetzter Technologien
- Zeiteinsparungssysteme in den Performances
- Optimierung der Servicequalität durch Angebot von Wissensmanagement
- Komfortleistungen durch Outsourcing
- Informationsdienstleistungen und Zertifizierungen
- Interaktive Public Relations
- Logistik-Mobilität

Nachhaltigkeits-Issue-Management

- Entwicklungsmodelle für Nachhaltigkeitskorridore
- Trends – Zukunftsbilder – Gefahren
- Frühwarnsysteme und Nachhaltigkeitszusammenhänge
- Gefahrenidentifizierung & unternehmerische Einflussnahme
- Nachhaltigkeitspositionierung
- Leader-Funktion in der Nachhaltigkeitsdynamik
- Nachhaltigkeitsförderprogramme & strategische Allianzen
- Imagestärkung & Zertifizierung

7.4 Innovatives Clienting

Marketing in Netzwerken Es gibt Situationen, in denen neigen manche Manager zum Laissez-faire, wenn sie Situationen nicht gleich in den Griff bekommen. Wollen sie etwa die von Strategien unterlegte Sache nicht durchstehen und darauf verzichten, weiterzukämpfen? Marketingmodellierung ist nicht veraltet, sie muss nur in der richtigen Weise zur richtigen Zeit angewandt werden. Das moderne Marketing setzt auf das Instrumentarium des innovativen Clienting. Die Netzwerke bieten unzählige neue Variationen von Marktbearbeitung an. Marketing in Netzwerken ist nicht zu verwechseln mit Netzwerkmarketing, dem Multi-Level-Marketing, mit dem Strukturvertriebe und Pyramidensysteme gemeint sind.

Marketing in Netzwerken bedeutet, Interaktionen mit den Konsumenten über die digitalen Strukturen zu betreiben. Ist ein Unternehmen mit seinen Produkten und Dienstleistungen mitten im Marktgeschehen, setzt erst der eigentliche Clienting-Prozess ein. Für den Gedankenaustausch zwischen Anbieter und User übernimmt die Zertifizierung eine nicht zu unterschätzende gesellschaftliche Aufgabe. Sie macht dann Sinn, wenn sowohl die Unternehmen als auch die Konsumenten eine Win-win-Situation wünschen. Sie bestätigt den evaluierten Prestigestatus eines Unternehmens, um ihn in den Formaten der modernen Kommunikationsnetzwerken zu platzieren. Dort wird sie vom Konsumenten wahrgenommen und auf verschiedene Weise repliziert. Daraus ergeben sich neue Optionen auf optimierte Zukunftsperspektiven.

Die Kommunikation mit den Konsumenten ist nicht allein auf ein Beschwerdemanagement reduzierbar. Dazu gibt es die zahlreichen Konsumentenschutz-Organisationen, die mit einer oft abenteuerlichen Selbstprofilierungslust in reißerisch gestalteten Fernsehsendungen den kritischen Betrachter langweilen. Ganz anders ist der positive auf Zukunftslösungen ausgerichtete Dialog ausgelegt. Nicht Verleumdung ist angesagt, sondern ein auf eine gemeinsame Problemlösung ausgerichtetes positives Denken. Der direkte Kundendialog wird im Sinne der Nachhaltigkeit nicht über Reklamationen geführt. Die Anreize entstehen dann, wenn die zukunftsorientierten Vorstellungen von Unternehmen publiziert sind.

Wenn schon der Staat fremd gesteuerte Konsumenten für sich vereinnahmen will, dann ist als Gegenpol der selbst gesteuerte verantwortliche Konsument in einer freien Wirtschaft erst recht gefragt. Freiheit und Verantwortung gehören zusammen, daher sollten Konsumenten auch bereit sein, Verantwortung zu übernehmen. Beim Kauf entscheiden sie mit, was für sie gut ist. Auch wenn das Pricing immer ausschlaggebend sein wird, tragen sie die Verantwortung für eine Zukunft, wie sie sie haben wollen. Ihr Wohlbefinden, ihre Gesundheit und Zufriedenheit im gesellschaftlichen Kontext sind im Spiel. Am Markt können sie die Einsilbigkeit der Politiker in Sachen Nachhaltigkeit auftrumpfen.

7.5 Konsumentenorientiertes Hightech-Marketing

Im modernen Marketing bestimmt die elektronische Kommunikationstechnologie die Akquisition und Distribution. Es bleibt nicht allein beim elektronischen Labelling. Der digitale Abruf von Informationen in Hinblick auf Echtheit und Produktwahrheit wird zum perfekten Kundeninstrument.

Expansion im Customer Relations Management

a) Internet Leistungsangebote Portale für Produkte, Services u. Zertifizierungen
b) Online Dialog Unternehmen – Konsumenten
c) POS-Dialog (Produktverifizierung, Echtheitserklärung, Serviceoffer-ten. . .)

Intelligente Preiseinwirkung am Point of Sales Ein elektronisch gesteuerter Verkauf misst die Besucherströme und gestaltet danach das Preisgefüge. Er verhindert im Interesse der Kunden ungleichgewichtige Überfüllungen von Verkaufsräumen oder reduziert zu solchen Zeitpunkten automatisch die Preise. Ein Kassa-Screening lenkt das Timing zum besten Preisangebot.

Hintergrundinformation

- Verhältnis von Warenkorbanalysen zu Kunden-Flow
- Stärken-Schwächen-Analysen von Sortiment, Preisniveau, Promotion, Platzierung
- Kundenbindungsstrategien mit Pay-back-Systemen
- Shop-Lounge-Nutzungen: Zertifizierungs-Checks, Clubbing, Wellness

7.6 Das Problem der Markensicherheit

Nicht nur Informationen sind schneller greifbar, auch Desinformation macht sich mehr denn je in den modernen Kommunikationsmitteln breit. Sie wird durch provozierende und zumeist falsche Informationsvermittlung verbreitet. Mit Fälschungen und psychologisch angelegten Aktionen wird systematisch Unruhe geschürt. Deswegen müssten Zertifizierungen immer mehr in die digitale Welt eingreifen. Produktfälschungen, Plagiate und Kopien bereiten der Wirtschaft ernsthafte Schwierigkeiten. Ganze Volkswirtschaften werden geschwächt. Gemäß EU nahmen Produktpiraterie, illegale Überproduktion und Re-Importe bereits um die Jahrtausendwende 10 % des Welthandels ein. Dies entsprach einem internationalen wirtschaftlichen Schaden von 300 Milliarden Euro. In einem Report der internationalen Handelskammer ICC wurden sogar geschätzte 600 Milliarden US-Dollar im Jahr an verlorenen Umsätzen angegeben.

Die Realwirtschaft leidet immens unter dieser Entwicklung. Der Schaden manifestiert sich in Umsatz- und Gewinnverlusten, vor allem aber auch im Imageverlust. Denn billige Plagiate, deren Kosteneinsparung auf mangelnde Qualität, unzureichende Qualitätskontrolle und illegale Arbeitsvoraussetzungen zurückzuführen sind, entsprechen nicht den Erwartungen des Endverbrauchers und können sogar dessen Gesundheit gefährden. Die systematische Lösung des Problems der Fälschung bringt den Unternehmen eine mehrfache Erleichterung: zusätzlich zur Zertifizierung für Reputation erhalten sie den Sicherheitsnachweis aus der der Logistikkette. Es entstehen kundenorientierte Dialogsysteme.

7.7 Der marktpsychologische Aspekt elektronischer Produktkennzeichnung

Die Markensicherheit bezieht sich auf die Übereinstimmung von Produktaussagen mit der Realität von Qualität, Herkunft und Echtheit. Sind diese Komponenten transparent, kann auch ihr Wert nachgewiesen werden. Fehlende Transparenz führt in der modernen Ökonomie von vornherein zu einem Imageschaden. Die Feststellung der Unechtheit von Produkten ist heute informationstechnisch möglich. Ihre Ahndung hängt nicht zuletzt vom Empfinden und vom Einsatz der Konsumenten ab, die ja nichts verbrauchen und vernichten, sondern das Erworbene gebrauchen sollten, deswegen User und keine Verbraucher sind. Man muss nicht immer in den Allerweltstonfall des Verbraucherschutzes eingehen. Sinnvoller ist proaktiv mitzugestalten.

Wenn die Echtheit einer Marke technologisch gesichert ist, verkauft sich das Produkt leichter. Authentische Produkte erfreuen nicht nur die Sinne der Käufer, sondern sichern auch das Vertrauen im Markt ab. Denn sowohl gierige Händler als auch unverantwortliche Produzenten könnten den Markt negativ beeinflussen und das Vertrauen in Premiumqualitäten erschüttern.

Eine Fälschung wird relevant, wenn die Diskrepanz zwischen dem wahrgenommenen Nutzen und dem vorgegebenen Profil einer Serviceleistung oder eines Produkts auffliegt. Die Kongruenz mit der Markenqualität ist nicht mehr gewährleistet. Die Fälschung kann heutzutage in Sekundenschnelle von elektronischen Tools aufgedeckt werden. Die Vorgaben zur Kontrolle im Produkt-Tracking haben die Hersteller als Qualitätsanbieter zu erbringen.

Für alle am Markt Beteiligten zahlt es sich aus, in diese Sicherheit zu investieren. Haben die Unternehmen die jeweiligen Rahmendetails zur Überprüfbarkeit hergestellt, werden die Bewertungen öffentlich sichtbar gemacht. Im Eventualfall des Missbrauchs deckt der Konsument beim Kaufakt die Bedrohung selbst auf. Zuletzt entscheidet also der Konsument aufgrund seiner Erwartungshaltung und Werteeinschätzung. Er hat es in der Hand, Ängste, Hemmungen und negative Haltungen gegenüber den Angeboten aus dem Kaufgeschehen herauszunehmen. Die Unternehmen können es ihm über den Einsatz moderner Technologien erleichtern, sich von der Verunsicherung dem Produkt gegenüber zu lösen.

Der Konsument bringt sich aus einer Position der bewussten Reflexion in den Dialog ein. Er wird sich zunehmend der allseitigen Mitverantwortung für Sicherheit und Qualität öffnen. Die Unternehmen reagieren, indem sie mit Transparenz und Validität ihre Qualitätsaussagen unterstreichen. Sie werden zu absoluten Prestigegewinnern am Markt, sobald sie neue innovative Problemlösungen aufgreifen.

Die elektronische Dokumentation ist eine Herausforderung an die Qualitäts- und Markensicherung. Sie findet am ehesten am Point of Sales statt, wo immer der ist, im Kaufhaus oder virtuell. Dabei geht es nicht nur um Sympathiewerbung, sondern auch um die Erfüllung zukünftiger Marktinteressen. Diese dürfen nicht auf das Primitive und Billige reduziert werden. Wenn die Nachfragen der Konsumenten vernachlässigt werden, könnte dies eine Bedrohung von Produktionen sein, die qualitativ wertvoll sind. Für viele Unternehmen würde dies nicht wiedergutzumachende Folgen haben.

Die Palette der Täuschungen reicht von alltäglichen Mogeleien bis zur gravierenden Irreführung in Leistungsversprechen von Produkten und Dienstleistungen. Im Internet sind Fälschungen geradezu schon systemimmanent. Fakes gestalten sich zu einer kommunikativen Institution. Der ahnungslose User ist sowohl im Internet als auch in den Realmärkten überfordert. Weil etwas den Geschmack, die Farbe oder den Geruch des Originals hat oder so aussieht, hat es noch lange nicht dessen Voraussetzungen erfüllt. Unverträglichkeiten sind bei Fälschungen an der Tagesordnung und können in erheblichem Maße den Verwender schädigen, egal, ob sensible Medikamente, Alltagsgegenstände, Kinderspielwaren oder sonstige Konsumgüter im Spiel sind.

Die Sicherheitsrelevanz, die kompromittierten Handelsströme und die auf Dauer ausgelegten Kostenargumente zwingen die Wirtschaft wohl oder übel zu reagieren. Doch die Probleme sind nicht im Becken juristischer Maßnahmen aufzufangen. Zu kostenlastig, zu ineffizient und letztlich fast hoffnungslos erscheint die Sisyphusarbeit der bürokratischen Überwachung. Kontrollen auf Messen, Registerüberwachungen oder Beschlagnahmungen an Grenzen oder Flughäfen sind außerordentlich aufwendig. Dem Horror der Fälschungen kann eigentlich nur die Interaktion mit den Konsumenten entgegenwirken.

Die Zukunft des Clienting, des professionellen Dialogs mit den Konsumenten, hat schon längst begonnen. Sie liegt in den modernen Kommunikations- und Informationstechnologien des Efficient Consumer Response (ECR). Zertifizierungen leisten wie ein elektronischer Fingerabdruck ihren Beitrag zur Markensicherheit. Die relevanten Zertifizierungsdaten können per Funk an Handscanner, Terminals oder Registrierkassen gesendet werden (RFID-Technologie, Radio Frequency Identification). Selbst wenn der Handel sich an solch einem Echtheits-Controlling nicht beteiligt, bietet sich dem Konsumenten eine Überprüfung beim Kaufakt über Mobiltelefone an. Die Handhabung der Datenübertragung erfolgt über die Technologie der Near-Field-Communication (NFC). Der Einsatz dieser neuen Technologien macht nur dann Sinn, wenn die produzierenden Unternehmen mitziehen und fundierte Produktstrategien vorgeben. Somit hängt die Hightech-Effektivität von der Effizienz eines modernen Wertemanagements ab.

Consumer Relations Benefits

- Consumer Relations Optimierung
- Clienting & Unternehmens-Styling
- Kundenkommunikation
- Anti-Produkt-Piraterie
- Interaktion zwischen Unternehmen und Konsumenten zu Themen der Servicequalität, des Umweltkonsenses und der sozialen Verantwortung
- Transnationaler Austausch der Erfahrungen von zertifizierten Unternehmen

Gestaltungskraft im Management **8**

Managementinstrumentarien ermöglichen es, die persönlichen Organisationsformen von Managern auf die Strukturen der Unternehmen auszurichten. Dabei werden die Unternehmensinhalte an die Marktverhältnisse angepasst. Wie es im Unternehmen um die Managementkompetenz für die Gesamtverantwortung bestellt ist, zeigt sich im strategischen Verhalten der Führungskräfte. Motivierendes Agieren und eine seriöse Unternehmensführung machen es möglich, die sinn- und wertorientierten Entscheidungsfindungen zu stützen. So baut sich eine ständig zirkulierende Interaktion für die Unternehmen und für den Markt auf. Sinnstiftung bleibt das tragende Element im Change-Management.

Die Grundsätze für ein funktionierendes Change-Management in der globalen Verantwortung lassen sich in sieben Punkten zusammenfassen:

1. Die Akteure in einem Unternehmen brauchen eine konkrete und gleichzeitig umfassende Wissensbasis, sodass sie ihren Job präzise ausüben können.
2. Der Gefühlsfaktor für schnelle oder langfristig vorbereitete Entscheidungen beruft sich auf ein Wissen, das jederzeit abrufbar ist.
3. Jedes Projektmanagement stützt sich auf ein Drehbuch zur planmäßigen Umsetzung und auf ein professionell durchgeführtes Casting zur Einstellung von qualifizierten Mitstreitern.
4. Nicht Finanzkonstruktionen, sondern Innovationskonzepte schaffen Ertragswachstum. Geld allein ist nicht innovativ.
5. Im Zentrum des Unternehmensgeschehens steht die ökonomische Zielorientierung unter Einbeziehung der Wertevorgaben von Nachhaltigkeit und globaler Verantwortung.
6. Den Wettbewerbsvorsprung macht der Bekanntheitsgrad und die Sicherheit von Marken-Correctness aus, der im Dialog mit den Konsumenten abgesichert wird.

G. Matuszek, *Management der Nachhaltigkeit*,
DOI 10.1007/978-3-658-02290-7_8, © Springer Fachmedien Wiesbaden 2013

7. Sobald das Management über neue wertvolle Informationen verfügt, verknüpft es diese mit dem größeren Ganzen der Unternehmensidentität.

Ist ein Unternehmensprogramm in all seinen Feinheiten mühsam erarbeitet, will es veröffentlicht sein, um Akzeptanz am Markt zu finden. Die Performance wird am besten von unabhängigen Dritten eingeschätzt. Sie fällt positiv aus, wenn sich die globale Verantwortung glaubwürdig über die Effizienz des Humankapitals des Unternehmens widerspiegelt.

Instrumente im Nachhaltigkeitsmanagement

- Marketing-Benchmarking
- Kommunikationsintensität
- Rentabilitätsoptimierendes Outsourcing
- Mediation von strategischen Allianzen
- Wissensmanagement Sessions
- Leistungsorientiertes Persönlichkeitsmanagement
- Technologieunterstütztes Clienting-Management

9 Das Managen von Visionen

9.1 Zukunftskonferenzen

Wie werden Manager in der Nachhaltigkeit noch besser? Unterschiedliche Personen nehmen dieselben Dinge bekanntlich unterschiedlich wahr. Dennoch können die als richtig erscheinenden Wege messbar erkannt werden. Erfolg ist über Rückverfolgbarkeit messbar. Die daraus resultierenden Erkenntnisse und konstruierten Kombinationen können helfen, vermeidbare Fehler nicht zu begehen. Zukunftskonferenzen sind weniger auf eine Fehlerbehebung fokussiert als auf den erfolgsversprechenden Wandel. Sie haben die Aufgabe, in der Diskussion den größten gemeinsamen Nenner für ein Change-Management zu finden. Eine bestimmte Menge unterschiedlicher Positionierungen wird auf ein gemeinsames Ziel hin getrimmt.

Es ist nicht ganz unerheblich, die Methodik so einzusetzen, dass die auf den zukünftigen Wirtschaftserfolg ausgerichtete Kommunikation von Anfang an im Unternehmen gepflegt wird. Viel zu selten werden Zukunftskonferenzen angewandt, um Krisen oder Probleme zu bewältigen. Mithilfe einer guten Moderation werden Gesamtsysteme offen gelegt, die dann dem detaillierten Entscheidungsfindungsprozess nützen. So lässt sich überraschend sicher die Gefährdung der Wettbewerbsfähigkeit eines Unternehmens orten. Zielsetzungen können so umgepolt werden, dass rechtzeitig die optimale Lösung eingeschlagen wird. Zukunftskonferenzen fungieren idealerweise als Treiber. Auf einfachen Matrizen werden die Trends, Veränderungen und Diskussionsergebnisse abgebildet. Daraus lassen sich schriftlich festgelegte Visionen, Entwürfe und Bewertungen modellieren.

Visionen sind Strategien des Handelns, keine Utopien. Der Zukunftsforscher Matthias Horx bezeichnet Utopien als „naive Verkürzungen“. Sie haben in den Entscheidungsfindungen des Managements nichts verloren. Visionen hingegen dürfen

G. Matuszek, *Management der Nachhaltigkeit*,
DOI 10.1007/978-3-658-02290-7_9, © Springer Fachmedien Wiesbaden 2013

nicht übersehen oder gar übergangen werden. Sie sind das, was wir anblicken, dem wir Aufmerksamkeit schenken, was wir im Leben anstreben.

Im Coaching sind jene Gespräche fruchtbringend, die visions- und strategiebezogen diejenigen Dinge zum Thema machen, die dem Unternehmen etwas Neues abverlangen. Die Manager gehen erst dann sinnvoll an die erfolgreiche Umsetzung heran, wenn die Einflussfaktoren aus einer ganzheitlichen Betrachtung ersichtlich gemacht worden sind. Sie brauchen diesen Flow aus der Ganzheitlichkeit, denn ihr Tätigkeitsfeld ist nicht allein zweckorientiert, es handelt sich um Leistungssysteme.

Visionen bilden eine Brücke zwischen der Sichtweite aus der Unternehmenssituation und der Reichweite der Möglichkeiten am Markt. Sie werden aufgehen, wenn sie vom ersten Augenblick an methodisch in die Prozesse der unternehmerischen Allokationen eingegliedert werden. Diese lassen sich aus Flow-Chart-Beschreibungen ziemlich genau ableiten und objektivieren.

Damit ein Geschäftsmodell erfolgreich wird, darf die Zielsetzung nicht hinter dem Status quo stecken bleiben. Verzetteln sich Manager zu sehr in den laufenden Aktionen des Alltagsgeschäfts, wird bestenfalls nur ein kurzzeitiger Erfolg herauskommen. Dies bedeutet Selbstbetrug hinsichtlich der einmal erstellten strategischen Vorgabe. Gerade in der neuen Werteökonomie sind die kurzfristig angelegten Betrachtungsweisen kaum erfolgsversprechend. In der Politik wird uns gerade solch ein wirkungsloses Agieren in der Bewältigung der europäischen Finanzkrise vorgespielt. Die Politiker beschränken sich darauf, der Entwicklung hinterher zu laufen, anstatt proaktiv Strategien abzuliefern und danach zu handeln. Intelligente Vorschläge für Problemlösungen werden nicht mehr durchgesetzt, da das strategische Denken und Handeln über die Wahlperioden nicht hinausgeht. Darauf sind Politiker gar nicht mehr sozialisiert. Das ist der Grund, warum das auftretende Phänomen politischer Frustration in der Öffentlichkeit so allgegenwärtig und dominant ist. Der Wirtschaft bietet sich die große Chance, den Part der Kreativität für eine globale gesellschaftliche Verantwortung zu übernehmen. Der Markt darf nur nicht die Verantwortung verschlafen. Europa hätte gute Karten, die Initiative zu übernehmen. Wie sich die Politik ihrerseits aus dem Dilemma befreien könnte, ist ein anderes Thema. Es gehört in der Kategorie Management der Politik erörtert.

Entscheidungsmatrizen helfen Managern, konkretisierte Projekte voranzutreiben. Dies sind keineswegs sinnentleerte Aufzeichnungen, die als l'art pour l'art die Managementkreativität symbolisieren. Langfristig angelegt bringen sie die Konstellationen ans Tageslicht, die über die kreativen Entscheidungsbäume die nachhaltigen Lösungen aufzeigen.

Sobald eine Vorentscheidung aus den Ergebnissen von Zukunftskonferenzen schlüssig gefolgert wird, ist der Weg für monetäre Aussprachen in den Investor Relations frei. Dann setzt die Tätigkeit der Public Relations ein, um die

Thematiken mit ihren Problemlösungen in die Öffentlichkeit zu bringen. Damit wird das Projektimage aktualisiert. Visionen kommen in der modernen Werteökonomie zur Geltung, wenn sie aus dem Verschluss der Verschwiegenheit herausgenommen werden. Die Publizität und die daraus sprudelnde Interaktivität beeinflussen die Funktionalität der Unternehmen. Der in diesen Prozess eingebundene Konsument zieht gleichfalls seinen Nutzen. Mit Hilfe von synergieorientierten Strategien werden Marktpositionen verbessert, Produktnachfragen stimuliert und Verhandlungspositionen ausgeweitet.

Interaktives Management

- Interaktives Erarbeiten von neuen unternehmerischen Sichtweisen
- Konstruktion der darauf ausgerichteten Strategien
- Produktivitäts-Check-ups und Schaffung neuer Wertschöpfungscenters

Strategie und Planung 10

10.1 Was ist Strategie?

Ursprünglich stand im Altgriechischen „stratos" für „Heer", „agein" für „führen". In der Unternehmenssprache hat sich Strategie als das längerfristig ausgerichtete planvolle Anstreben einer vorteilhaften Lage etabliert. Strategieorientierung ist somit Gestaltung, zugeschnitten auf bestimmte Zielsetzungen. Sie ist nicht zu vermischen mit Taktik, ursprünglich gemünzt auf den Gebrauch der Truppen im Gefecht. Analog ist im Wirtschaftsunternehmen das strategische Marketing vom operativen Marketing zu unterscheiden. Es ist kompetitiv und kreativ. Es darf nicht standardisiert sein, dann wird es auch hochwertig konkurrenzfähig bleiben.

Das strategische Marketing der Werteökonomie legt fest, mit welchen Produkten und Dienstleistungen, zu welcher Zeit, an welchem Ort und zu welchen Bedingungen die unternehmerischen Ziele zu erreichen sind. Das taktische Marketing bestimmt den Einsatz der Mittel zur Zielerreichung von Nachhaltigkeit und umfasst die Beeinflussung über Clienting und Public Relations.

Sowohl die Planung als auch die Umsetzung hängen von den Zielen ab, die in den Ausgangsmatrizen fixiert wurden. Ohne Strategie und Planung sind die Defizite im Ergebnis geradezu vorprogrammiert. Es ist die Aufgabe der Manager, im strategischen Planen über die Bestimmung des Projektdesigns bis hin zum organisatorischen Change-Management so zu agieren, dass die visionären Unternehmensziele bestmöglich erreicht werden.

Nach wie vor bestimmen die betriebswirtschaftlichen Grundlagen die Voraussetzungen für das Führungshandeln im Unternehmen. Sind die betrieblichen Grundstandards einmal formuliert und zwar möglichst rasch, setzen zusätzliche Mechanismen ein. Sie entsprechen den zeitgerechten Maßstäben eines Managements, das sich an der Globalität und an der Werteökonomie ausrichtet. Neue Synergien werden aufgefunden, um die gewünschte unternehmerische Effizienz zu

G. Matuszek, *Management der Nachhaltigkeit*,
DOI 10.1007/978-3-658-02290-7_10, © Springer Fachmedien Wiesbaden 2013

erreichen. Mit Synergien fördern die Unternehmen für sich andere positive Dynamiken. Eine moderne unternehmerische Vorgangsweise spielt sich nicht mehr im bürokratischen Modus der reinen Betriebswirtschaft ab. Um dort nicht hängen zu bleiben, bietet ein kreatives „Super-Positioning" neue Lösungen.

Die Faktoren einer umfassenden Verantwortung werden den Denkprozess der Manager beeinflussen. Dieser wird sich mit einer transparenten Kundenorientierung und der Interdependenz von wirtschaftlichen Win-win-Situationen auseinandersetzen. Das kommerzielle Betriebsknow-how an der Basis wird im weiteren Prozess von einem systemischen Managementzugang vervollständigt. Nachhaltigkeitsmanagement ist im Entstehen begriffen.

10.2 Strategische Unternehmensführung

Ist die Unternehmensführung auf eine umfassende Verantwortung ausgerichtet, wird sie auch die Störfaktoren und Chancen rechtzeitig erkennen. Dann kann sie in der New Value Economy auch korrekt und ergebnisorientiert handeln. Sie wird auf eine weitgreifende Führungsintelligenz angewiesen sein, um die Strategien der Nachhaltigkeit festzulegen und die Mitarbeiter mit einzubinden. Die Absichten orientieren sich dabei weniger an dem Willen eines Chefs als an den objektivierten Zielsetzungen einer Gesellschaft.

Vorab werden Risiko- und Entwicklungsvariablen von Nachhaltigkeitsprojekten herausgefiltert und bewertet. Der perspektivische Cashflow lässt sich auf diese Weise ziemlich genau prognostizieren. Über die Fähigkeit einer kybernetischen Führung werden die Problemfelder methodisch abgearbeitet und der Unternehmensapparat wird durchgesteuert. Dazu brauchen die Manager nebst den bewährten Persönlichkeitseigenschaften neue Fähigkeiten und Fertigkeiten, die durchaus antrainierbar sind. Persönlichkeit ist im Management kein Nebenwert, sondern ein Haupt-Asset, das gepflegt gehört.

Der Vorzeigemanager der Nachhaltigkeit ist ein kritischer Denker mit einer Portion konstruktiver Aggressivität, dazu ein Macher, der mit intellektuellem Biss und Überzeugungskraft sowie mit einer guten Portion an Frustrationstoleranz ausgerüstet ist. Um Risiken rechtzeitig zu erkennen, muss er auch mit empirischen Methoden umgehen können. Ein korrektes Strategieverhalten ist nur garantiert, wenn auch die Störfaktoren richtig eingeschätzt werden.

10.3 Unternehmensstrategien zur Nachhaltigkeit

Das Engagement für Nachhaltigkeit definiert sich aus zwei grundsätzlichen Beobachtungsfeldern. Das erste betrifft die Beachtung der Umweltverantwortung. Sie ist unentbehrlich für die Basisindustrien, ebenso wie für die Global Player der modernen Fertigungsindustrien. Sie ist überfällig, damit eine möglichst intakte Natur aufrecht erhalten bleibt. Ein ressourcenschonendes Produzieren ist die gewinnbringende Herausforderung an die Ökonomie der Zukunft. Nachhaltigkeitsmanagement handelt proaktiv und nicht erst, wenn das Ausmaß an Heuchelei bei Umweltfragen zu wachsen droht. Von der Qualität der Umwelt sind wir alle betroffen. Aus der Umweltbelastung muss sich eine Umweltentlastung durch die Wirtschaft mit all ihren Vorteilen für den Menschen ausgestalten.

Zum Zweiten bezieht sich nachhaltige Verantwortung auf die soziale Fairness. Die Wirtschaft hat immer schon auf die Entwicklung und auf die Veränderungen dieser Welt Einfluss genommen. Sie verfügt über ein beträchtliches Einflusspotenzial in der Gesellschaft. Nun wird sie es auch meistern, eine positive Entwicklung der zwischenmenschlichen Beziehungen voranzutreiben. Nicht zuletzt könnte sie im globalen Bündnis zwischen Unternehmen und Konsumenten positive Effekte erzielen.

Sich für die Nachhaltigkeit stark zu machen, wird zum Auftrag an alle Lager des wirtschaftlichen Lebens, inklusive der Konsumenten. Nachhaltigkeitsmanagement und universelle Verantwortung sind die Schlüsselfaktoren eines zukunftsorientierten Marketings. Damit rücken soziale, wirtschaftliche und ökologische Belange in den Fokus der langfristigen Unternehmensstrategien. Nur wenn sie in ein ununterbrochenes Controlling auch von außen eingebunden sind, werden sie wirksam realisiert. Die Gesamtverantwortung lässt sich sowohl in strategischen Allianzen als auch im Innenverhältnis von Unternehmen effizient verwirklichen.

Ein seriöses Umwelt-Reporting stützt die Nachhaltigkeitsambitionen von Unternehmen. Die Schonung der Ressourcen über effizientere Produktionsprozesse und über saubere Produktionstechnologien wird zum Qualitätskriterium für umfassend verantwortliche Unternehmen. Die gesunde Ernährung gehört zur Herausforderung an den mündigen Konsumenten. Also hat er auch das Recht, Qualitäts- und Nachhaltigkeitsaspekte zum Beispiel bei Nahrungsmittelgütern einzufordern. Ein gesundes Produzieren läuft parallel zu einer nachhaltigen Landwirtschaft, die den Kreislauf der Natur mitberücksichtigt und mit den Ressourcen vernünftig umgeht. Der informierte Konsument übernimmt Verantwortung. Er will über die Qualität der Produktionen Bescheid wissen und laufend informiert sein. Das kann nicht über staatliche Verordnungen erfolgen. Der Konsument selbst arbeitet in Kooperation mit den Unternehmen am Konzept einer nachhaltigen Entwicklung mit.

Wir stehen mitten in der Entwicklung eines Lernprozesses zum nachhaltigen Verhalten. Umfassende Verantwortung fordert Transparenz, da der Konsument mitentscheidet, welche Produkte aus nachhaltigem Business nachgefragt werden. Der selbstbewusste Konsument wird den Sinn der Nachhaltigkeit erkennen und durchsetzen wollen. Unternehmen und Konsumenten sind verpflichtet, sich auf diese Weise zu ergänzen. Die modernen Informations- und Kommunikationstechnologien stehen bereit, diese Prozesse zu unterstützen.

Ist ein Unternehmen im Werteumfeld gut positioniert, erzielt es dementsprechend einen breit gefächerten Gewinn. Wie lässt sich Zukunftsleistung der Nachhaltigkeit sinnvoll beurteilen? Der Zustand eines Unternehmens lässt sich auf seine Wertebefindlichkeit wie folgt testen:

- Inwieweit sind strategisches Verhalten, Motivation und Entscheidungsfindung von einem Wertemanagement geprägt?
- Sind die einleitenden Zukunftskonferenzen wertemäßig bestimmt?
- Worin besteht der Nachhaltigkeitsmehrwert der Produkt- und Dienstleistungen des Unternehmens?
- Orientiert sich bereits die schriftlich niedergelegte Philosophie an Nachhaltigkeitskriterien und Kundenbezogenheit?
- Sind das Executive-Searching und die personale Verantwortlichkeit auf diese Strategien ausgerichtet?
- Werden strategische Allianzen zur Werteumsetzung ausreichend genutzt?
- Wird ein konkretes Nachhaltigkeitsmanagement zur Imageverbesserung praktiziert?

Eine United-Buying-Power trifft immer mehr den Kern der Wechselbeziehung zwischen Markt und Unternehmen. Den mündigen Konsumenten der Zukunft wird nicht allein ein günstiger Einkauf interessieren, sondern die Gesamtheit der Aspekte, die einen Kauf beeinflussen: der Nutzen des Produkts, das Preis-Leistungs-Verhältnis, die Sicherheit der Markenaussage und die Entstehungskette, die dem Angebot vorausgegangen ist. Nachhaltigkeit wird zum Kaufmotiv.

Bewertungen

- Bewertung der Unternehmenssysteme
- Bewertung des Nachhaltigkeitsdialogs
- Überprüfung der Nachhaltigkeit in Produkt- und Serviceleistungen
- Entwicklung zur digitalen Produktkennzeichnung
- Prüfung von Netzwerk-Allianzen

Wirkungen im Outsourcing-Prozess 11

Outsourcing selbst von strategischen Prozessen macht Sinn, weil Ideen keine Grenzen dulden. Man kann Wissensmanagement leasen, auch das nennt man outsourcen. Der strategisch inszenierte Outsourcing-Prozess bündelt die Effekte der Finanzierung, der Innovation und der Kommunikation. Über die Schnittmenge der Ausgliederungen wird ein größtmöglicher Neuwert erzielt. Jedes erfolgsversprechende Outsourcing beginnt mit einer Bewertung aller am Unternehmensprozess beteiligten Working-Units. Die daraus resultierenden Erfolgsfaktoren helfen der Unternehmung, sich aus dem Status quo in eine neue Vermarktung hinein zu entwickeln. Das auf Outsourcing spezialisierte Marketing umfasst alle Prozesssegmente zur Ausweitung der strategisch fundierten Innovationskompetenz. Auf elektronische Unterstützung kann weder in der Bewertung noch in der Kommunikation verzichtet werden.

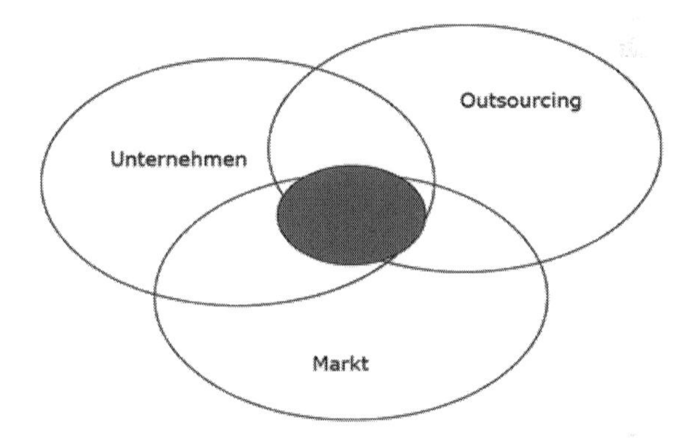

Aus der oben gezeigten Verknüpfung ergibt sich ein gemeinsamer Nenner für neue Entwicklungsideen. Ein Kreis repräsentiert, was der Markt an Chancen bietet, der andere, was das jeweilige Unternehmen kann und der dritte, wie über

G. Matuszek, *Management der Nachhaltigkeit*,
DOI 10.1007/978-3-658-02290-7_11,

Outsourcing spezifische Interessen erfüllt werden. Sind die Indikatoren für die einzelnen Kreise berechenbar, ergeben sich Kernpotenziale zu Synergievorteilen. Mit der Sicht auf Optimierung werden die einzelnen Kreise untereinander zu Allianzen finden.

Clever organisiertes Outsourcing bringt erhebliche Einsparungen mit sich. Mittelständische Unternehmen können dem Kostendruck der Globalisierung standhalten, indem sie durch Ausgliederung spezifischer Problemlösungen Kosten und Aufwand einsparen. Sie führen ihr Marketing ohne interne Belastung über spezialisierte Netzwerkstrukturen. Auf diese Weise stärken sie die Vertriebseffizienz und federn auch die Sorgen um die Liquidität ab. Allerdings können die Netzwerke auch eine bedenkliche Eigendynamik entwickeln. Deswegen ist ein professionelles Moderationsmanagement im Netzwerk wichtig.

Wissensmanagement baut auf Evaluierungsmechanismen. Dadurch entstehen neue Felder für innovative Qualitätsmaßnahmen. Unternehmen sind dann in ihrer Problemlösungskapazität stark, wenn sie auch im Beziehungsmanagement nach außen auf systemanalytische Vorteile zurückgreifen. Netzwerke, die gekonnt moderiert werden, halten die Synergien der Wettbewerbsfähigkeit auf einem hohen Niveau. Der Nutzen liegt in einem erhöhten Mehrwert. Besonders die kleinen und mittelständischen Unternehmen könnten davon profitieren.

12 Reputations-Management

Der Ruf nach Prestige und Reputation erfolgt aus den unterschiedlichsten Gründen. Das Image von Unternehmen wird von der Glaubwürdigkeit und von der korrekten Information über ihre Identität bestimmt. In den Kernaussagen einer Unternehmensreputation steht die Nachhaltigkeit. In jedem Unternehmen ist sie auf einen Masterplan der Transformation zu mehr Transparenz und Sicherheit angewiesen. Nachhaltigkeit ist nicht ausschließlich vom Preis abhängig. Sie wird insbesondere vom Einsatz wirtschaftlicher Intelligenz beeinflusst.

Nach außen wird das Image eines Unternehmens durch eine präzise Corporate Identity versinnbildlicht. Eine gute Öffentlichkeitsarbeit bietet den Feinschliff. Es ist also neben dem soliden Markenaufbau ein zukunftsorientiertes Clienting-Management notwendig. Wenn die Unternehmensexzellenz über Zertifizierungen demonstriert wird, müssen die wertschöpfenden Veränderungsprozesse valide dokumentiert und wirksam an die Öffentlichkeit getragen werden. Das Image wird über fixe Koordinaten beschrieben und bewertet.

Zertifizierungen führen aus der Falle der falschen Selbsteinschätzung heraus. Es steht der Wunsch im Vordergrund, den Informationsgehalt des Unternehmenszustandes in Bezug auf ökonomische Verantwortung und Nachhaltigkeit auf den wesentlichen Kern zu komprimieren. Wenn einmal die Unternehmensqualität und Nachhaltigkeit glaubwürdig dokumentiert ist, kommt das Kommunizieren des positiven Ergebnisses zur Geltung. Das kommunikative Verhältnis zu den Konsumenten ist nicht zu unterschätzen. In all der Verwirrung der veröffentlichten Meinungen bietet die evaluierte Zertifizierung einen Imagevorteil. Das reziproke Serviceverständnis zwischen Unternehmen und Konsumenten wird in Realitäts-Checks und Fact-Sheets publik gemacht. Wenn Prestige am Markt gefordert ist, reichen die einfachen Statements nicht aus. Sie verdecken nur die mangelnde Kompetenz und das schlechte Image. Berechenbare und kommunizierbare Zertifizierungen bauen Vertrauen auf.

G. Matuszek, *Management der Nachhaltigkeit*,
DOI 10.1007/978-3-658-02290-7_12,

Unschöne Szenen von kriminellen Marketingformen ereignen sich, wenn in sozialen Netzwerken mit hintergründigen Nachrichten Rufmord begangen wird. Ganze Kampagnen mafioser Marketinggruppen stören die Websites von Unternehmen. Deswegen ist man mit Survey und Evaluierung via Zertifizierungen immer noch besser dran, als sich den hinterhältigen Nachreden im viralen Marketing aus Netzwerken der Straße auszusetzen.

Die Zertifizierung schafft selbst wieder Netzwerke und schützt damit nicht nur vor Fälschungen, sondern auch vor den üblen Angriffen aus Untergrundnetzwerken. Im Sinne einer seriösen Reputation lohnt es sich für ein Unternehmen allemal, sich zertifizieren zu lassen. In Zeiten der Krisenbewältigung gewinnt der psychologische Aspekt von veröffentlichten Qualitätsaussagen an Bedeutung. Mit einem zertifizierten Erscheinungsbild werden Kooperationen leichter gemacht und Partnerschaften in der Öffentlichkeit glaubhafter.

Prestige-Tools

- Transparenz-PR
- Klassisches Labelling
- Digitales Labelling
- Kundenorientierte Lesevorgänge am POS (Interaktiver Dialog an Firmengeräten oder über Mobiltelefonie)
- Track- & Trace-Kennzeichnungen

Die Verantwortung von Unternehmen korreliert mit dem Maß der Innovationsleistung für Nachhaltigkeit. Reputation ist Freiheit am Markt, sie hat Wurzeln. Ein Imperativ der Nachhaltigkeit besteht darin, die Reaktion der Konsumenten wahrzunehmen. Ein Sicherheitsmanagement wird unerlässlich gegen die Unsicherheit in der Repräsentation von Marken. Die Nachhaltigkeitswertmaßstäbe sollten in jeder Marke identifizierbar sein. Reputation hat Ansprüche auf Kompetenz und Commitment.

Die Wirklichkeiten in den Märkten dürfen nicht verzerrt werden. Darauf schauen die Konsumenten der ersten Reihe. Die Abgrenzung zwischen positiver und negativer Reputation muss dem User von Markenprodukten klar ersichtlich sein. Zu große Abweichungen vom erwarteten Niveau können für das Geschäft bedrohlich werden. Der Reputationsverlust kann im Internet offengelegt werden und verursacht damit Finanzrisiken für die kompromittierten Unternehmen. Der sinkende Marktwert wird sofort publik gemacht. Rufschädigung ist schwer zu reparieren. Jede Reputationsveränderung bedarf der Unterstützung eines seriösen

Controllings und der darauf folgenden Zertifizierung. Es liegt also im primären Interesse eines jeden Unternehmens, die Reputationsrisiken unter Kontrolle zu halten.

Reputationsrisiken für das Assessment

- Qualität der Corporate Identity
- Nachhaltigkeitsverantwortung
- Marktperformance
- Informationsstatus

Coaching & Consulting 13

Pathologisch ist ein unternehmerisches Verhalten dann, wenn es nichts mit Erfolg und Fortschritt zu tun haben will. Also werden Manager versuchen, Fehlgelerntes abzulegen. Dies ist in der Regel sehr schwierig, da die Selbsterkenntnis leicht vertuscht und mit allen möglichen Ausreden abgemildert werden kann. Können Manager es sich leisten, im Unternehmen vermeidbare Fehler zu begehen? Der leichteste Fehler in Geldfragen ist nicht zu unterschätzen. Und die meisten Managerentscheidungen haben mit Geld zu tun. Im ernsthaften Bemühen, nicht alleine voranzupreschen, werden Manager im Dialog eine Menge über sich und über ihre Unternehmen lernen können.

13.1 Von der Wechselbeziehung Unternehmer – Coach

Coaching ist in Lebenslagen, die eine Zielerreichung ins Auge fassen, hilfreich bis unerlässlich. Das gilt für die persönliche Lebensbewältigung genauso wie für die Unternehmensbewältigung. Manager bewegen sich bei der Bewältigung von Aufgaben der Nachhaltigkeit auf absolut neuem Terrain. Da bietet sich die Chance zur Problemlösungssymbiose über eine neue Art des Coachings an. Die zahlreichen Querverbindungen von Nachhaltigkeit verlangen nach einer korrekten Problemlösungsrelevanz. Es gibt so viele Etikettierungen von Coaches, bei denen die betroffenen Personen gar nicht so sicher sind, welche Aufgaben sie zu erfüllen haben. Die Spezies der Rundum-Jongleure findet sich in der Sportszenerie genauso wie im Unternehmensconsulting. Coaches gewinnen nur dann ein berechtigtes Vertrauen beim Partner, wenn sie die nötige Beobachtungs-, Beratungs- und Kommunikationsfunktion erfüllen können. Die Zielfrage lautet: Was will das Un-

G. Matuszek, *Management der Nachhaltigkeit*,
DOI 10.1007/978-3-658-02290-7_13, © Springer Fachmedien Wiesbaden 2013

ternehmen erreichen? Welche Methode mit welcher Begründung eingesetzt wird, steht im Mittelpunkt des Gedankenaustausches.

Zunächst befinden sich Berater in einem Beobachtungsmodus und eruieren aus der Gesamtschau die Veränderungen auf den Märkten. Sie liefern ihren Mandanten das Material, aus dem die Entscheidungsträger im reaktiven Verhalten aus den Veränderungen etwas Neues gestalten können. Es ist dies der treffende Unterschied zwischen Gestalter und Bewahrer: „Wo der Wind der Veränderung weht, bauen die einen Mauern und die anderen Windmühlen".

Erfolgreiche Unternehmer gehen davon aus, dass es am Markt immer eine Fülle von nicht restlos ausgefüllten Kapazitäten gibt. Wenn im Unternehmen gute Gründe für eine Weiterentwicklung auftauchen, dann greifen erfahrene Manager auf das Instrument des seriösen Consultings zurück. Sie schätzen die externe Sicht und nützen sie. „The proof is in doing it". Das Vertrauen in den Coach wird nur aufgebaut, wenn er beweist, dass er über den nötigen universalen Wissensfundus verfügt. Durch die Vernetzung seiner Aufgaben hat er einen umfassenderen Einblick in die gesellschaftlichen, ökologischen und sozialen Bedingungen als sie den Medienberichten beiläufig entnommen werden könnten. Sobald Umfeld- und Unternehmensevaluierungen für nachhaltige Investments ausschlaggebend sind, bietet die Beratung eine praktische Unterstützung zum Innovations- und Netzwerkmanagement.

13.2 Der Umgang mit dem richtigen Coach

Das effiziente Verhältnis zwischen Unternehmer und Coach macht im Unternehmen aus Anpassungsmechanismen Optimierungsmechanismen. Dies ist schon deswegen wertvoll, da Anpassung meist nur suboptimale Lösungen anbietet. Für einen optimalen Output wird es notwendig sein, schonungslos, aber kompetent zu beraten. Bislang vernachlässigte Dinge werden ins unternehmerische Bewusstsein zurückgeholt, damit das Erkannte in der befruchtenden Diskussion auch wirkt. Von Beginn an steht die Motivation, nicht das Belehren im Mittelpunkt des Dialogs.

Coaching im Change-Management ist immer dann erfolgsversprechend, wenn Wachstum und Entwicklung jene Zielkomponenten sind, für die eine qualifizierte Leistung erbracht werden muss. Für den Unternehmenserfolg ist es wichtig, die Neuorientierungen von vornherein richtig zu bewerten, bevor noch das Umfeld eine Änderung erzwingt. Die Erkenntnis, ob die richtigen Dinge getan werden, ob sie richtig getan werden und was schlussfolgernd wirklich zu tun ist, erfolgt am besten über ein gut funktionierendes Beziehungsmuster zwischen internem Unternehmenswissen und externen Beratungsimpulsen.

Wie weit und noch weiter könnte man springen, als man gerade glaubt, springen zu können? Die Rede ist hier von der Erfolgskapazität in Unternehmen. Wie ein Hochleistungssportler arbeitet der professionelle Manager mit einem Coach zusammen. Expertisen werden erstellt und es wird evaluiert. Das ist notwendig, um in der Umsetzung der Strategien nicht ins Blaue zu fahren. Wer da keine Hilfe beansprucht, leidet entweder an Selbstüberschätzung oder verzichtet auf Effizienz.

Der gute Coach macht Eindruck, wenn er bei folgenden Fragen den Akteuren im Unternehmen effizient zur Seite zu steht:

Wo könnte das Unternehmen stehen?

Wohin driftet es bei bestimmten Annahmen?

Welche Maßnahmen sind zur Situationsoptimierung zu treffen?

Die Kunst des Managens besteht dann, aus den angebotenen Lösungsvarianten die augenblicklich richtige Entscheidung zu treffen. Deswegen möchten die Entscheidungsträger sich auf das verlassen, was analytisch befunden worden ist. Wenn sie die Hintergrundinformationen nochmals vor ihrem inneren Auge ablaufen lassen, müssen sie sich auf die Zuverlässigkeit der Information verlassen können. Die Erfahrung des Managers wird durch die Erfahrung des Beraters ergänzt.

Ein Unternehmensmanagement, das sich auf neue Wettbewerbspositionen hin orientiert, sucht die Profile zu erkennen, die zunächst auf eine mittelfristige Zukunft ausgerichtet sind. Ein Stabilitätsverhalten aus dem Augenblick heraus bewirkt nur vorübergehend schwarze Zahlen in der Bilanz. Widmet sich das Management dem Mehrwert für die Zukunft, braucht es den Drang zur Veränderung. Meisterlich bewältigt diese Problemstellung jenes Unternehmen, das die Kompetenzen gut austariert. Cross-Marketing, das mehrere Wertschöpfungsstufen vereint, plus Consulting ist eine Möglichkeit, den Erfordernissen der unterschiedlichsten Kompetenzen gerecht zu werden, ohne sich dabei finanziell und organisatorisch zu überfordern.

Kompetenz des Beratungsangebotes

Fragen

- Was bringt das Beratungskonzept generell?
- Was kostet es?
- Was kann die Neuerung bringen?
- Kann es sein, dass in nächster Zeit ein Umschwung ansteht?
- Stehen Kooperationen in Aussicht?

Lösungen

- Unterstützung durch Systemanalyse
- Messung der Zielerreichung und Leistungsbewertung
- Stärkung der Organisationsform
- Schaffung neuer strategischer Plattformen
- Transfer von Wissensmanagement
- Begleitung von Allianzen und Kooperationen

13.3 Externes Know-how

Berater und Coaches sind nicht bloß als begleitende Assistenten anzusehen. Sie sind Kommunikationspartner, die wertvolle Informationen aus der Außenperspektive liefern. Was kann also das Unternehmen von einem externen Consulting erwarten?

In einem guten Beratungsverhältnis legt die Unternehmensseite das Insiderwissen voll auf die Waagschale. Sein Gewicht wird mit dem Wissen von außen austariert. Die optimale Wertschöpfung des Wissens gelingt dann, wenn Unternehmen bereit sind, sich dem engen, auf sich selbst bezogenen Standard zu entziehen. Der Kontrast zwischen dem Outsider und dem Insider reflektiert eine grundsätzliche physikalische Wirklichkeit: je näher wir zu etwas stehen, desto unklarer sehen wir es. Der Coach sieht die Dinge aus seiner Perspektive zwar nicht so detailliert, dafür klarer, deutlicher und objektiver.

Trendmanagement, eine der Hauptfunktionen von Consultants, ist mehr als nur das Analysieren von Trends. Sie kompilieren alle Vorteile aus der Trendentwicklung. Wenn aus den gemeinsam erarbeiteten Vorgaben dann noch die richtige Schlussfolgerung umgesetzt wird, ist auch ein Mehrwert in Aussicht gestellt. Consultants arbeiten in umfassenden Kategorien von Zukunftsbewältigung, zu denen die globale Verantwortung gehört. Trend bedeutet nicht nur auf das Modische setzen, sondern das Wesentliche für die Weiterentwicklung bestimmen.

13.4 Die Beratung an der Schnittstelle zwischen Strategie und Umsetzung

Die Organisationsformen werden in vielen Unternehmen immer flacher, die von den Aufgaben bedingten Strukturen hingegen immer komplexer. So brauchen die Führungen großer Unternehmenseinheiten doch noch Stäbe von Spezialisten, mit denen sie auch effizient kommunizieren sollten. Dazu ist oftmals sowohl eine Erneuerung in der Mentalität als auch ein Wechsel im Diskussionsmodus nötig.

Da die Sicht der strategischen Komponenten aus der eigenen Unternehmensperspektive stets eingeengt bleibt, wird sie im Innovationsmanagement zu einer beträchtlichen Belastung. Also braucht man Impulse von außen. Kooperationssysteme bieten sich an, damit die Unternehmen nicht in ihrer Entwicklung zurückfallen. Die externe Beratung wird zum Instrument der Mediation für ein gelungenes Innovationsmanagement. Erst wenn eine Technologie richtig bewertet und publiziert ist, werden auch Investoren hellhörig.

Strategische Consulting-Items

- Aufdecken innovativer Potenziale
- Bewusstwerden nachhaltiger Erfolgssysteme
- Pro-Acting auf Basis von Störfallanalysen
- Interpretation von Auswirkungsmatrizen
- Programmerweiterung aus Allianzen

Umsetzung der taktischen Vorgaben

- Beobachtung im Business Development
- Marktforschungsanalyse
- Benchmarking-Evaluierung
- Kommunikationsverstärkung
- Systeminstallierung und Projektbegleitung

13.5 Consulting in der globalen Verantwortung

Statusanalysen eines Unternehmens beginnen mit der Ermittlung der strategischen Wertschöpfung im Nachhaltigkeitsprozess. Geschäftsmodelle, Projektszenarien und Portfolios könnten vorab mittels der Delphi-Methodik durchforscht werden. Idealerweise greift dann das Ressourcenmanagement auf einen externen Decision-Support zurück.

Was bringt dieser Support? Er besteht darin, Rationalisierungspotenziale und die Wettbewerbsfähigkeit von Strategien auf Stärke und Umsetzbarkeit zu prüfen. Eine externe Evaluierung macht die Marketingarbeit effizienter. Von außen ist die Sicht der Dinge und die Bewertung von Stärken und Schwächen objektiver. Danach richtet sich das Konsumentenverhalten. Von ihm hängt der Wertestatus im gesellschaftlichen Umfeld ab.

Nachdem in der Weltwirtschaft verschiedene Blasen, wie die IT-Blase, die Immobilienblase und dann noch die Finanzblase geplatzt sind, ist wieder Seriosität im Prozessmanagement angesagt. Doch es geht in der Weiterentwicklung der Wirtschaftsprozesse auch darum, nicht zu verdursten, bevor man am Ziel angelangt ist. Also werden sich die ganze Kreativität und das Risikoverhalten im professionellen Systemmanagement ausleben.

Wie wird man ein Topmanager? Oder wie schafft man es, Spitzenmanager zu bleiben? Zahlreiche Antworten gibt es auf diese Frage, die sich auf ihre Bedingungen und Einflüsse beziehen. Wenn auch manche Kritiker den Einfluss des Glücks einbringen, gibt es dennoch so etwas wie eine Selbststeuerung. Techniken werden angewandt, die sich zur Aktivierung der wichtigsten Funktionen trainieren lassen. Topmanager, die Change-Management betreiben, müssen sich intensiv den Erfordernissen eines Wissensmanagements unterordnen. Außerdem brauchen sie viel Geschick im Umgang mit Netzwerken.

Unsere angebotsorientierte Wirtschaft ist dabei, sich in eine bedarfsorientierte zu verwandeln. Dieser Prozess läuft vorwiegend über Kommunikation. Sie bedient sich neuer Medien, elektronischer Kaufhäuser und innovativer Netzwerke. Der Paradigmenwechsel ist schon dadurch begründet, dass der Konsument mächtiger wird. Neue Marktformen entstehen. Die Einwirkung von Zertifizierungen, Empfehlungen, der Comparison-Kommunikation und des Power-Shoppings werden zur Herausforderung für die Unternehmen.

Ändern sich die Einflussfaktoren, werden auch die Aufwendungen zu Innovationen und zu anderen Alternativen wechseln. Eine große innovative Kraft geht von der Qualität der Consulting-Beziehung aus. Sie ist der Schlüssel zum Markterfolg von Innovationen, deren Anstöße vom Markt kommen. Da diese nicht auf Knopfdruck passieren, ist es nützlich, strategische Allianzen für den kreativen Development-Prozess einzugehen.

Consulting-Nutzen

- Status- und Sensitivitätsanalysen
- Konstruktion innovativer Geschäftsprozesse
- Kommunikationsmodellierung

Sechs Negativargumente, die die Resistenz gegen Beratungen ausmachen:

1. Veränderungen werden als beschwerlich empfunden. Darum ist man in den Geist der Unveränderlichkeit verliebt. Veränderte Umfeldbedingungen werden erst dann interessant, wenn sich schmerzliche Zustände schon zusammengebraut haben.

2. Strukturierte Problemlösungsmodelle seien nur etwas für Theoretiker. Momentaufnahmen sind eben billiger. Monokausal denkt sich's nun einmal einfacher. Deswegen werden Frühwarnsysteme für überflüssig erachtet. Bevor man sich an Trend-Scouting heranwagt, überlässt man das Terrain lieber der Konkurrenz.
3. Ertragsmessungen werden im Glauben, dass die optimale Ressourcenaufteilung sich von selbst verwirklicht, als überflüssig erklärt.
4. Der Zusammenhang von der Qualität der Geschäftsfeldstrategien und der Optimierung von Gewinnmargen wird nicht zur Kenntnis genommen. Denn es taucht die Angst auf, bei einer Differenzierung der Marktbearbeitung ertragsschwache Segmente einfach kappen zu müssen.
5. Die Theorien des Käufermarktes werden als uninteressant abgetan. Die sich immer stärker durchsetzende Willensbildung des Käufermarktes zählt nicht.
6. Die Erarbeitung einer Unternehmensidentität wird als überflüssig erklärt. Ihre Veröffentlichung über kommunikative Technologien sei nicht nötig. Man verzichtet auf ein ausgeprägtes Selbstverständnis der Marken, weil vielleicht doch Schwächen aufgedeckt werden könnten, die niemand zugeben will.

Für Consultants ist es schlimm, wenn sie auf Unternehmer treffen, die das Unternehmen nur mit ihren eigenen Augen sehen wollen. Für Unternehmer wiederum ist es schlimm, wenn sie auf Consultants treffen, die nicht nur das wissenschaftliche Consulting-Instrumentarium ungenügend beherrschen, sondern auch keine Phantasie für Vernetzungsoptionen aufweisen.

Eine professionelle Beratung hilft sehr wohl bei der Auffindung und Aushebung der Leistungsreserven eines Unternehmens. Zieldefinition und Ressourcenverteilung werden unmissverständlich im Marktzusammenhang positioniert. Die Beratung beginnt mit einer Systemvorgabe, die zur Systembewertung führt. Abgeschlossen wird das Gesamtprojekt mit einer abgeänderten oder neu konstruierten Systemeinführung für ein nachhaltiges Management.

Analysiert man die Ausgangssituation eines Unternehmens, ist die schriftlich niedergelegte Unternehmenspolitik aussagekräftig. Denn sie stellt die Basis für jede strategische Planung dar, die auf die wirtschaftliche Ziele ausgerichtet ist. Die Erfolgsfaktoren finden sich in den Möglichkeiten, die Potenziale für die Zukunft zu nützen. Der Analytiker diagnostiziert und optimiert das System, indem er die zahlreichen Kriterien, Variablen, Faktoren und Merkmalsausprägungen in Beziehung bringt.

So checkt das Management die Unternehmensziele auf die einzelnen Determinanten von Ergebnisverantwortung und Ablauforganisation. Die Qualität der Managementarbeit wird dadurch demonstriert, dass sie transparent und messbar ist. Zudem weist sie die Fähigkeit auf, in jeder veränderten Lage schnell und flexibel zu reagieren.

Um aus Potenzialen Potenzen zu schaffen, sind in der Management-Evaluierung folgende Indikatoren zu berücksichtigen:

- Beschaffenheit der Unternehmenspläne
- Marketingstrategien
- Entwicklung des Netto-Verkaufsvolumens
- Sortimentsgestaltung
- Produktqualität
- Verbraucherkommunikation

Die bestimmenden Variablen zu diesen Indikatoren sind:

- Umsatzerlös
- Marktanteil
- Preisniveau
- Recall
- Informationsdichte – und Informationsechtheit

Die Trendexplorationen erstrecken sich auf das Marktpotenzial, die Umsatzentwicklung, die Nachfragestabilität. Zu den Determinanten für Produktqualitäten der globalen Verantwortung zählen das gewünschte Produktimage, der Verbrauchernutzen und die hervorgehobenen einzigartigen Produktvorteile. Die Kommunikation nach außen orientiert sich an den Einsatzmöglichkeiten, an der Budgetierung und an der Wirkungskontrolle. Ihre Optimierung ist auf die Akquisition, die Corporate Identity, das Unternehmensimage, die Öffentlichkeitsarbeit und alle Mittel der Vertriebsunterstützung ausgerichtet. Neben dem quantifizierbaren Unternehmenserfolg wird der qualitative Erfolg danach beurteilt, ob es zur konkreten Vorbeugung von Krisen oder zur Beseitigung von bereits vorhandenen Mängeln gekommen ist.

Zertifizierungsmarketing 14

14.1 Der Wettlauf zur Zertifizierung

Wollen Manager die Zertifizierung oder fürchten sie die Bewertung? Oder drücken sie sich gar vor der Veränderung im globalen Marktgeschehen? Die Bemühungen, ein gesichertes Unternehmensprestige aufzubauen, sind vielfältig. Change-Management wird in Zukunft auf Zertifizierungen nicht verzichten können. Sie sind auf eine konstante Erfolgssicherung angelegt. Veränderungen betreffen nicht allein die ökonomischen Prozesse, sondern ganz konkret die Denk- und Verhaltensweisen in der neuen Werteökonomie. Auch die Managementethik folgt dieser Erfolgslogik, sonst wäre sie nicht Sache des Managementprozesses.

Wann ist ein Unternehmen in den modernen Analysen von Nachhaltigkeit gut positioniert? Die Antwort gibt die Vertrauensbestätigung der Konsumenten. Sie haben heute viele kommunikationstechnische Zugänge zur Information. Die Nachhaltigkeitspositionierung und das Kundenvertrauen formen die ideale und oftmals heraufbeschworene Win-win-Situation. Sie ist durch seriöse Befähigungsnachweise und das dazugehörige Feedback abgesichert. Der Output sind wertsteigende Dienstleistungen und Produkte. Dies macht die Attraktivität des Labelling aus.

Die Frage wird nicht sein, inwieweit Unternehmen sich die Veränderung leisten können, sondern inwieweit sie sie sich nicht leisten können. Unruhe kommt so oder so in den Karpfenteich selbstzufriedener Unternehmen. Es fällt vor allem in Krisenzeiten auf, dass Unternehmen sich perspektivisch nur in Worten erschöpfen. Sie predigen Prestige und offenbaren gleichzeitig ein schlechtes Image durch mangelnde Kompetenz. Die Absicht, anerkannt zu werden, ist in den global desinteressierten Unternehmen marginal. Doch die Akzeptanz läuft unerbittlich über die publizierten Inhalte und die veröffentlichte Performance.

Die wirkliche Auswirkung der Unternehmensidentität wird in der Unternehmensbilanz bestätigt. Bilanzen sind ihrem Wesen nach auf die Vergangenheit

G. Matuszek, *Management der Nachhaltigkeit*,
DOI 10.1007/978-3-658-02290-7_14, © Springer Fachmedien Wiesbaden 2013

bezogen. Also hinken die Erkenntnisse immer hinterher. Die Beratung und Optimierung müsste bei viel früher aufgestellten Kennzahlen einsetzen. Die Zertifizierung als Realitäts-Check von morgen zielt auf die Evaluierung von Werten ab. Sie ist tauglich, sobald sie in der Lage ist, jede opportune Beliebigkeit im Unternehmensprozess aufzudecken. Die publizierte Zertifizierung fordert regelrecht zu neuen Perspektiven für Innovationen heraus.

Zertifizierungen werden zur Chance, die Einzigartigkeit eines Unternehmens am Markt zu dokumentieren und das Werbepotenzial auszuloten. Die Evaluierung darf nicht entarten, indem Noten geheim vergeben werden, so wie es Ratingagenturen der Finanzwelt zu tun pflegen. Ebenso stehen die selbstgestrickten Siegel brancheneigener Verbände mit ihren Täuschungsmanövern außerhalb der Verantwortung. Evaluierung macht dann Sinn, wenn sie mit einem Optimierungs- und Kommunikationsprozess konform geht.

Die Funktionalität von Nachhaltigkeit zeigt sich in der Kapazität von Unternehmen, sich selbst nachhaltig aufzustellen. Soziale und ökologische Aufgaben sind durch Evaluierungen operationalisierbar, sonst fehlt ihnen der Anspruch auf Wertigkeit. Ein Qualitäts-Leistungs-Verbund verlangt Verlässlichkeit. Sie wird am Strategieverhalten eines Unternehmens gemessen. Performance und Verantwortung sind gleichermaßen gefragt und dürfen nicht gegeneinander ausgespielt werden.

Konkret verschuldete Anlässe zur Armut oder ein ruinöser ethischer Status irgendwo in der Welt wird aus dem Evaluierungskatalog ersichtlich. Das geht nur, wenn Businesspartnerschaften und Produktkreisläufe auf unethische Mischungen hin durchleuchtet werden. Die Zertifizierung zeigt Intoleranzen auf, die auf eine verfehlte Selbsteinschätzung in der globalisierten Wirtschaft zurückzuführen sind. Unternehmen dürften gar nicht erst unter Rechtfertigungszwang kommen. Sie tun gut daran, schon im Vorfeld Reputation zu schaffen.

Der zukünftige Unternehmenserfolg setzt auf die Vorausschau auf Chancen zur Nachhaltigkeit. Deswegen brauchen moderne Unternehmen auch keine Angst vor dem Kommerz in Sachen Nachhaltigkeit haben. Wenn sie sich zu diesem Thema auf eine smarte Art des Dialogs mit den Konsumenten einlassen, wird sich ihre positive Identität bestätigt finden. Auf der Metaebene von Evaluierung und Kommunikation beweisen sie ihre Qualität. Vor allem bei Topdienstleistungen und Luxusgütern steht der Wert der Reputation hoch im Kurs. Premiumgüter brauchen die Zertifizierung als Gegenwirkung zum allgemeinen Ramschmarketing.

Vorsicht ist bei Awards angesagt. Eine Zertifizierung, die auf systemanalytische Evaluierung beruht, schließt die Manipulation weitgehend aus, die bei singulären Awards auftritt. Awards kann man sich erkaufen. Sie sind oft dort beheimatet, wo Bestechlichkeit und Verführbarkeit durch Meinungen seitens der Auftraggeber gewünscht sind. Entweder dienen sie der Selbstbeweihräucherung oder einem schlechten Gewissen. Das unterstreicht auch das Phänomen, dass Awards auf vielen Gebieten schnell Gegen-Awards zur Folge haben.

Zertifizierungen hingegen haben den Anspruch auf überprüfbare empirische Verfahren. Die Konsumenten sind angesichts der im Internetmüll auftretenden Mischkulanz an Eintragungen immer mehr auf Sicherheit und Qualität bedacht. Zertifizierungen decken vor allem im Internet die Trugbilder der „Geiz ist geil"-Mentalität auf. Jeder Käufer ist von dieser Verantwortung mitbetroffen. Im fairen Business wird sich der mündige Konsument nicht mehr mit künstlichen Lobhudeleien oder Selbstbeweihräucherung der Unternehmen zufrieden geben. Im Performance-Management wird der Glamour einer globalen Verantwortung immer bedeutungsvoller.

14.2 Zertifizierungsglaubwürdigkeit

Nachhaltigkeitszertifikate sind glaubwürdig, wenn garantiert ist, dass problematische Zustände weder vertuscht noch ausgelobt werden. Dann entfalten sich Zertifizierungen auch zu einer effizienten Form der Kommunikation zwischen Unternehmen und Konsumenten. Sie sind der Servicebeitrag für ein aktives und seriöses Risikomanagement. Auftauchende wirtschaftspolitische und gesellschaftliche Veränderungen werden laufend im Zertifizierungsverfahren aktualisiert. Das veröffentlichte Benchmarking verweist auf die Muster von Qualität in der Managementverantwortlichkeit. Es ergibt sich ein Raster, das den Nutzen, die Chancen und die Wertbeständigkeit an die Öffentlichkeit trägt. Die Feinheit der Bewertungsmatrizen setzt auf Verbesserungsmodalitäten in die Zukunft.

Wenn es Spielregeln der Nachhaltigkeit gibt, drängt sich eine vermehrte Nachfrage nach Managern mit Nachhaltigkeitskompetenz auf. Sie treten dem Prestigestillstand in den Unternehmen entgegen. Mit dem Management der Nachhaltigkeits- und Innovationskultur festigen die Unternehmen ihre Qualität und Exzellenz in einer globalisierten Wirtschaft. Schlecht wäre es, im Reputations-Management falsch zu reagieren. Es wird im Wirtschaftsleben nie so sein, dass alle Anbieter gleich gut, gleich effizient und gleich nachhaltig sind. Prestigesicherheit wird den Unterschied im Wettbewerb ausmachen.

Zertifizierte Unternehmen wollen den Vorteil aus dem Feedback der Konsumenten nützen. Sie handeln proaktiv, wenn sie Innovationsbereitschaft und Problemlösungen offerieren, die sie über Netzwerke kommunizieren. Die Zertifizierung legitimiert sich selbst durch eine laufende Strukturierung der jeweiligen

Unternehmenskompetenz. Je mehr die Zertifikate die Konsumenten in ihrer Eigenverantwortung tangieren, umso näher liegen sie am Markt. Der wirtschaftliche Erfolg hängt vom gegenseitigen Verstehen und von der Glaubwürdigkeit des Handelns ab. Deshalb gehören die nachhaltigen Faktoren im Geschäftsprozess definiert. So manchem Unternehmen fehlt es nicht an klugen Leistungen, wohl aber an gutem Image.

Argumente für seriöse Zertifizierungen

- Mit einem professionellen Zertifizierungsmanagement
- verfügt ein Unternehmen über den Elan, in Sachen
- Nachhaltigkeit zu reagieren und weiter zu agieren
- Nachhaltigkeit im Unternehmen kann nicht verbessert werden, wenn sie nicht gemessen wird
- Markenidentität bezogen auf Nachhaltigkeit wird zu einem Erfolgsfaktor im Business
- Zertifizierung bedeutet, Türen zu neuen Kunden zu öffnen
- Siegel im Netz inspirieren zum Unternehmenserfolg der Nachhaltigkeit
- Die Reputation über ein Netzwerk ist ein Dienst an einer Sache, die größer ist als ein einzelnes Projekt
- Zertifizierung wird für herausragende Unternehmen zu einer Art Dividende

Bewegt sich ein Unternehmen mit seinen Angeboten vorwiegend im High-Premium-Level, dann macht Zertifizierung erst recht Sinn. Manager, die an Bord der internationalen Verantwortung gelangt sind, werden im gesamten Unternehmensspektrum auf die Nachhaltigkeitsqualität achten. Zu viele Unternehmen planen ihre Zukunft ausschließlich über die Finanzen. Worin liegt aber das besondere externe Renommee eines Unternehmens begründet? Wie wird unternehmensübergreifendes Wissen wirksam genutzt? Manager der Nachhaltigkeit sollten sich dessen bewusst sein, dass sie einen absoluten Mehrwert schaffen. Dafür werden ihre Unternehmen auch belohnt. Dieser Modus könnte zum Erfolgsmuster einer Kultur europäischer Unternehmensführung werden.

Der falsche Weg in schwierigen Zeiten wäre, an der Beziehung zum Kunden zu sparen. Es ist besser, in die Offensive zu gehen. Die Chancen zu effizienten Partnerschaften werden über die Instrumentarien von Zertifizierung und Coaching immer aussichtsreicher. Immer mehr wird in Client & Business-Systeme investiert. Der Alleingang macht nicht klüger, der Erfolg steckt in den Netzwerken. Diese erweitern die vorerst noch unbekannten Potenziale. Zertifizierungen machen die entsprechende Leistung transparent und berechenbar.

Einige Unternehmen sind der Öffentlichkeit der Konsumenten gut bekannt, andere stehen noch besser im Renommee und einige tauchen gar nicht im Bekanntheitsspektrum auf. Allein dieser Umstand macht die Zertifizierung nicht nur attraktiv, sondern notwendig. Unternehmen sollten sich nicht verstecken, sondern den Erfolg ihrer Geschäftsmodelle in Nachhaltigkeit und Serviceleistung offen präsentieren. Unternehmen, die den Dialog über das Medium der Zertifizierung aufrecht halten, profitieren von diesem Prestige und schaffen sich neue Kunden. Zertifizierte Unternehmen dürfen sich nach den erstklassigen Konsumenten ausrichten, die ein Qualitätsmanagement hinterfragen. Verantwortungsbewusste Konsumenten schätzen die Offenlegung von Evaluierungen. Dadurch sind sie in die interaktive Kommunikation eingebunden und stets auf dem aktuellen Stand der Dinge.

Unternehmen wiederum brauchen einen Spiegel für ihre spezifischen Wirkungsgrade und für ihre Gesamtreputation. Der volkswirtschaftliche Nutzen der Zertifizierung liegt in der Vermittlung von Werten. Gute Coaches kennen die spezifizierten Netzwerke und beraten daraufhin ihre Klientel, wie sie im Business mit den neuen Erfordernissen der Nachhaltigkeit kompatibel bleiben. Die weltweite Volkswirtschaft fordert regelrecht zur Interkonnektivität der Unternehmen mit den Konsumenten heraus.

Beratungsunternehmen, die als Singles operieren, sind für Problemlösungen des globalen Nachhaltigkeitsmanagements zu klein. Einzelberater werden ihrerseits im eigenen Interesse auf Netzwerke und strategische Allianzen zurückgreifen. Die Welt des Consultings ist nicht minder interdependent als die produzierende Wirtschaft und deswegen international und innovativ ausgerichtet.

14.3 Seriosität der Zertifizierung

Erfordernisse

- Validität der Evaluierung
- Begehrlichkeit der Siegel
- Problemlösungsangebote durch Zusatzleistungen

Bezug zum Tourismus und zur Konsumgüterindustrie Hotel-Zertifizierungen propagieren gewissermaßen innovative Systeme und Services im Tourismus. Sonst wären die Zertifikate nur ein Gaukelspiel inhaltsloser Eitelkeit. Wellness-Zertifizierungen verbürgen seriöse Fitness und Wellbeing-Offerten erst dann, wenn diese durch bewährte Systeme oder innovative Technologien abgesichert sind. ‚A Hotel as it should be after a certification' ist ein Hotel, das nicht nur über moderne Technologien, sondern auch über ein kompetentes Clienting- und Wellness-Management verfügt. Was ist aber ein effizientes Wellnesshotel und wo finden sich seriöse Wellnesshotels im Netzwerk? Die gesamte Konfiguration von Serviceleistung, Kompetenz und Nachhaltigkeit kommt zur Geltung, wenn sie professionell geprüft ist und erkenntlich gemacht wird.

Bezug zu Produktions- und Dienstleistungsunternehmen Diese schätzen aufgrund ihrer Kundenorientiertheit und Nachhaltigkeit eine Weiterempfehlung an den Konsumenten. Der Empfehlungsnachweis stärkt das Unternehmen aus seiner Nachhaltigkeitsleistung und aus seiner Servicequalität heraus. Die Reputation der Marke und die anerkannte Kundenzufriedenheit generieren einen weiteren Mehrwert.

Die Zertifizierung wird zum idealen Instrument, Investor-Relations adäquat zu pflegen. Die Sicherheitsportfolios einer Product-Range, die durch Zertifizierungen aufgewertet sind, schaffen Markensicherheit. Wenn Zertifizierungen in Netzwerken publik gemacht werden, sind spezifische Apps für allgemeine Netzwerke gemeint oder spezifizierte Fachnetzwerke. Das Interesse der User erfordert nun einmal einen gewissen Einsatz des Nachforschens. Heutzutage erfolgt dies ja recht schnell. Das Einstellen in ein Netzwerk bedeutet die Dienstleistung eines Gesamtkonzepts, das größer ist als das eigene Unternehmensimage. Innovative Technologien des Mobilfunks unterstützen zusätzlich den Schutz vor Plagiaten. Den Unternehmen müsste es wert sein, sich gegen Produktpiraterie zu wehren und die Markenwahrheit ihrer Produkte zu bewahren.

Zertifizierung darf nicht irreführend sein. Die handwerkliche Basis und die Methodik finden sich in den empirischen Sozialwissenschaften. Ein Gesamteindruck ist noch keine professionelle Bewertung und ist nicht geeignet, ein Siegel zu vertreten. Eine simple Begutachtung würde lediglich am Markt vorbeizielen. Erst die Feedback-Schleife von der Marken- und Servicestärke über die Kundengewinnung zur Wettbewerbsfähigkeit rechtfertigt die Zertifizierung als gewinnbringende Komponente einer modernen Unternehmensführung.

Ein erfolgreiches Change-Management orientiert sich an Frühwarnsystemen und hat die Bereitschaft und die wirtschaftliche Kraft, Veränderungen durchzuführen. In der Welt der umfassenden Verantwortung erfolgt dies eben über Netzwerke, die sich eigendynamisch in Richtung des Wandels entwickeln. Valide Zertifizierungen setzen auf Wertigkeiten und beobachten insbesondere das Strategieverhalten von Unternehmen. Nachhaltigkeitszertifizierungen sind grundsätzlich auf die Kompetenz im Change-Management zur globalen Verantwortung und auf die Konsumentenorientierung von Unternehmen fokussiert. Sie stärken via Feedback die Marken- und Serviceleistung der Anbieter. Erst die gesicherte Aussage zu diesen Items baut Vertrauen beim Konsumenten auf. Der Profit für die Unternehmen beginnt bei der imagebetonten Wettbewerbsfähigkeit.

14.4 Vom Nutzen der Zertifizierung im Netzwerk

Netzwerke sind in der Regel multinational kompatibel. In einer global orientierten Welt erfolgt der beste Ideenaustausch dann, wenn Manager für ihre Unternehmen über den eigenen Tellerrand hinausblicken. Bei diesem Rundumblick erhöhen Zertifikate die Markensicherheit und unterstützen den Kaufakt der Konsumenten. Sie signalisieren Funktionalität, Wichtigkeit und Verlässlichkeit der Unternehmensaussage.

Gewöhnlich benennen Kunden in ihrer Kaufpräferenz nur das, was sie kennen und haben deshalb oft Mühe, zu formulieren, was sie an Prestigequalität wollen. Internet-Zertifizierungs-Plattformen stimulieren den Austausch von Informationen zur Servicequalität und Nachhaltigkeit. So erfüllen Netzwerke im Web eine ideale Lobbying-Funktion und optimieren das Win-win-Verhältnis zwischen Unternehmen und Konsumenten. Die Zertifizierungs-Labels tragen zur vertrauenswürdigen Publizität in den Netzwerken bei.

14.5 Vom Zweck der Zertifizierung

Hält ein Unternehmen den elektronischen Dialog mit den Konsumenten aufrecht, stabilisiert es mittels des veröffentlichten Prestiges gefährdete Kundenbeziehungen und gewinnt zusätzlich neue Kunden. Die neuen Formen der Kommunikation stellen schon per se einen realen Wert dar. Da das Verhältnis zum Konsumenten nicht zu unterschätzen ist, gestalten sich valide Zertifizierungen zu einer gelungenen Absicherung für beide Teile der Partnerschaft. Verlässlichkeit braucht Zertifizierung.

Es gibt unzählige Schnäppchen am Markt, die sich aufgrund mangelnder Qualität rasch zum gegenteiligen Effekt eines Schnäppchens wandeln. Es gibt so viel Product-Faking, das sich nicht nur als teuer, sondern oft für den Verbraucher als gefährlich erweist. Nachhaltiges Einkaufen wird sich auf Dauer als kostengünstigeres Einkaufen durchsetzen. In den Netzwerken, die eine geprüfte Sicherheit anbieten, potenziert sich die Wirksamkeit von Kooperationen. Die Evaluierungen tragen dazu bei, dass der Mehrwert bei allen Kooperationspartnern wächst.

14.6 Nachhaltigkeits-Ratings

Wir beobachten, wie sich die globalisierte Wirtschaft in der neuen Sphäre von Nachhaltigkeit bewegt. Nachvollziehbar ist, wie eine ökonomische Gegenseitigkeit zwischen Unternehmen und Konsumenten entsteht. Die Unternehmen werden im Thema Nachhaltigkeit auf ihre Zuhörerschaft angewiesen sein. Die neuen Services werden auf die flexiblen Mechanismen der Verantwortlichkeit für Zukunft zugeschnitten. Damit setzen Unternehmen in der Nachhaltigkeit auf Effizienz und Technologieführerschaft.

Der Dialog der Zukunft spielt sich im Raum von Win-win-Wechselwirkungen ab. Ohne die veröffentlichte Glaubwürdigkeit der eigenen Sichtweisen und Positionen werden Unternehmen an Marktwert und Einfluss verlieren. Sie werden in der Prestigeeinschätzung für das haftbar gemacht, was sie in ihrer Identität und Öffentlichkeitsarbeit ausdrücklich angekündigt haben.

Die Zustimmung zur Wertsteigerung durch Nachhaltigkeit wird am Markt nicht einfach so hingenommen. Unternehmen sind herausgefordert, sich diese Anerkennung durch Publizität zu verschaffen. Wollen wir Publizität aus dem Marktgeschehen bannen? Das kann man sich heute nicht mehr leisten, schon gar nicht im Umweltmanagement. „Wir sind Kunden der Natur." Schädigende Faktoren entstehen bei der Herstellung, beim Gebrauch und bei der Entsorgung von Waren und Gütern. Daher wird jeder Fortschritt honoriert werden, den Unternehmen bei der Herstellung, beim Gebrauch oder bei der Entsorgung von Waren und Gütern erzielen. Diese Innovationen werden hervorgehoben, ausgezeichnet und damit weiterempfohlen.

Rund um Ernährung, Körper und Sport entsteht mehr als nur ein Kult. Wir stoßen auf die Argumente für mehr Lebensqualität. Der Mensch wünscht nicht nur immer länger zu leben, sondern möglichst lange gesund zu bleiben. So wurde Wellness zu einem Megatrend, der nicht mehr rückgängig gemacht werden kann. Wellbeing wird zu einem bestimmenden Thema für private Personen ebenso wie für Unternehmen und ihr Personalmanagement. Die Tourismuswirtschaft könnte aus diesem Trend noch mehr Kapital schlagen, würde sie sich in die Seriosität der Serviceleistungen von Fitness und Gesundheitsvorsorge einbinden lassen.

Hinter der Zertifizierungsformel von Wellbeing steckt viel mehr als zunächst vermutet wird. Warum erscheinen die üblichen Gesundheitsvorsorgesysteme den Konsumenten oft als unzureichend? Es liegt wohl daran, dass sie nicht ganz der Zeit entsprechen. Wenn es gelingt, das Bewusstsein flächendeckend in Richtung zeitgemäßer Innovationsangebote zu heben, wird der Paradigmenwechsel praxisorientiert zum Vorteil aller Beteiligten verwirklicht.

Nur wenn der arbeitende Mensch selbst für die Erhaltung und Förderung seiner Leistungsfähigkeit Verantwortung übernimmt, bleibt er für den Arbeitsmarkt interessant und kann seiner Tätigkeit bis ins fortgeschrittene Alter vielleicht sogar mit finanziellem Gewinn nachgehen. Damit erhält das persönliche Ziel der Gesundheits- und Leistungserhaltung für den arbeitenden Menschen zusätzlich eine ökonomische Bedeutung. Im 21. Jahrhundert ist Corporate-Fitness-Management ohne modernes Equipment und Einbindung neuer Technologien nicht denkbar.

14.7 MECS – Management Evaluation & Certification Systems©

Die Methoden der Systemanalyse und empirischen Messung erklären die Umfeldbedingungen des Handelns von Individuen und Organisationen. Dies wird wichtig für die Interaktionen am Markt. Systemanalytiker haben einen hohen Informationsstand, den sie aber erst umsetzen müssen. Das Signifikanzniveau der Empirie selbst ist sehr hoch. Systemanalytische Methodik ist imstande, wirtschaftlichen und gesellschaftlichen Wandel zu bestimmen, eventuell auch zu beeinflussen. Das macht ihren Wert für Zertifizierungsaufgaben aus. Für zukunftsorientierte Unternehmen und erfolgshungrige Manager ist dieses Tool unentbehrlich.

Certification Contents
- Messung des Nachhaltigkeitsmanagements
- Zertifizierungs-Labels
- Empfehlungs-Publicity
- Innovationsoptionen

Ratings der Werteökonomie
- Ökologisches Rating
- Soziales Rating
- Organisations-Rating

Unternehmens-Evaluierung
- Ökologische Bedingungen
- Energy-Monitoring
- Umwelt-Rating
- Persönlichkeitsmanagement
- Human-Engineering
- Gesundheitsprophylaxe
- Hightech-Fitness Monitoring
- Leistungsdiagnostik

- Relaxations-Management
- Innovative Office-Systeme
- Betriebliches Sicherheitscontrolling
- Marktproduktsicherheit
- Hightech-Logistik

14.8 Der Weg zur Zertifizierung

Es existieren verschiedene Methoden, die Variablen im Zertifizierungsprozess festzulegen. Die Größen der zu untersuchenden Faktoren werden in Testbatterien abgefragt. Darunter fallen die Erfassung der Indikatoren. und der detaillierten Variablen. Sie werden empirisch registriert, gescannt und in einem Evaluierungssystem kompiliert. Die Ergebnisse führen zu Zertifikaten, die Symbole für die Qualität von Nachhaltigkeit sind. Sie erlauben den Konsumenten eine inhaltliche Auseinandersetzung zwischen Anspruch, Wunsch und Correctness. Konsumenten werden zum richtigen Kaufentscheid angereizt, indem sie eine eigene Verantwortung nicht nur für sich, sondern auch für den Markt übernehmen. Natürlich gibt es auch im Marketing einen Populismus, der sich aber nicht durchsetzen wird. Er ist nicht nachhaltig. Erst die Feedback-Schleife rechtfertigt die Zertifizierung:

Indikatoren

- Serviceorientierung & Nachhaltigkeit
- Nutzen und Zusatznutzen
- Timing von Projekten und Innovationen
- Innovative Technologien
- Werteorientierung
- Kommunikationsstärke

Variablen

- Servicequalität der Organisation
- Kommunikationstechnik
- Infrastruktur und Logistik
- Schnelligkeit der Marktumsetzung
- Überschaubarkeit der Serviceleistung
- Sicherheitsangebote
- Nachhaltigkeitsversprechen

Evaluierungs-Procedere

- Auditing/Rating/Expertise
- Monitoring durch Benchmarking
- Datenauswertung

14.9 Die Zertifizierung als moderne Serviceleistung

Die selbstbewussten Konsumenten. verlangen nach solch neuen Mustern der Marktinformation. Die Interaktion zwischen Kunden und Unternehmen in Werbung, Öffentlichkeitsarbeit und im direkten Kundengespräch wird durch die Evaluierung stimuliert. Der Stellenwert der Kundenberatung wird neu justiert, da der Konsument mehr von den Marktabläufen verstehen will, um sie auch überprüfen zu können. So setzt sich die moderne Technik der Online-Überprüfung von Zertifizierungen durch. Wenn Ratings und Bewertungen sich zu standardisierten Automatismen entwickeln, müssten sie zusätzlich durch kreative Angebote in der Qualitätsverbesserung ergänzt werden. Sonst senkt sich der Qualitätslevel nach unten. Der Fortschritt im Sinne der Nachhaltigkeit würde nicht funktionieren.

Was werden die Kunden von morgen in Anspruch nehmen wollen und können? Worauf werden sie Wert legen und was werden sie nutzen? Wenn sie Eigenverantwortung einbringen wollen, werden ihnen Zertifizierungen sehr gelegen sein. Dann suchen sie die Bestätigung dafür, warum sie sich für einen bestimmten Kauf entscheiden. Sie richten sich nach fairen Preisen, bestem Service, höchster Qualität, nach Produkt- und Markensicherheit und Transparenz des Anbieters. Wenn die Konsumenten in diesem Sinne verantwortungsvoll bestimmen sollen, was sie kaufen, möchten sie natürlich wissen, woran sie sind. Hinter einer seriösen Zertifizierung steckt die kompetente Beratung im Sinne von umfassender Verantwortung darüber, was die wirkliche Produkt- und Serviceleistung beinhaltet.

Zertifizierungsvorgang

- Systembeschreibung
- Kapazitätsplanung
- Evaluierung
- Optimierungen
- Zertifikatsübergabe
- Nachverfolgung

14.10 Effizienz-Modelle

Wie effizient sich ein Konzept darstellt, ist an der jeweils kleinsten Aktionseinheit ersichtlich. Dort wird die Wirkung aus der Gesamtsicht eines Unternehmens gewertet. Das Prinzip, kleine Geschäftseinheiten zu großen Lösungseinheiten zu verdichten, wird im „Management-by-objectives" plausibel. Die Wirkung einer gut strukturierten Marketingsegmentierung in einzelne Profit-Units drückt sich in der Erfolgsrate von Großunternehmen aus. Die kleine Einheit nutzt den Vorteil der raschen Verhaltensänderung. Sie ermöglicht ein schnelles Reagieren auf Änderungen und garantiert die Flexibilität des gesamten Betriebes.

Effizienz-Modell

- Business-Process-Audit
- Innovations & Kooperations-Audit
- CI-Audit
- Personality-Audit Business-Process-Audits

Business-Process-Audits

- Kybernetische Unternehmensprozesse
- Marketing-Check-up
- Ertragsentwicklung

Persönlichkeits-Audits

- Human-Engineering
- Persönlichkeitsentwicklung
- Leistungsoptimierung
- Individualisierte Nachhaltigkeit

Innovations- und Kooperations-Audits

- Innovations-Due-Diligence
- Strategische Allianzen
- Innovationsreporting
- Innovationsbörsen

CI-Audits

- Corporate Behaviour
- Corporate Culture
- Corporate Image

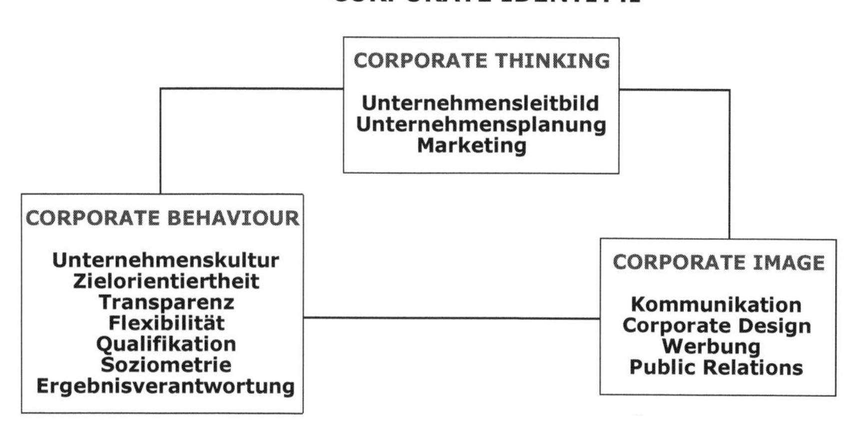

Marktmacht-Effekte der Zertifizierung 15

15.1 Fallbeispiel globale Unternehmen

In der neuen Werteökonomie manifestiert sich die globale Verantwortung im Corporate-Behaviour. Dieses Verhalten bestimmt die konkrete zielgerechte Umsetzung von Marketingprojekten in und außerhalb von Unternehmen. Es wird gemessen, evaluiert und in der Folge zertifiziert. Seine Wertigkeit wird an die Verbraucher im Dialog weitergegeben. Sobald Corporate-Behaviour positiv bewertet ist, wird es für das Management zum Gewinnposten.

Module
- Umweltverantwortung
- Ethische Verantwortung
- Soziale Verantwortung

Anforderungsprofil
- Ökologisches Rating
- Soziales Rating
- Beachtung sensitiver globaler Gebiete
- Partnerschaften & Publicity

Kriterien der Zertifizierung
- Umweltverantwortlichkeit
- Ökologisches Development-Management
- Globaler Marktzugang von CSR* & CER*
  *CSR = Corporate Social Responsibility
  *CER = Corporate Ethical Responsibility
- Arbeitsniveau und Chancengleichheit
- Korrekter Umgang mit Menschen im Markt
- Faires Geschäftsgebaren im Dienstleistungsmarketing

G. Matuszek, *Management der Nachhaltigkeit*,
DOI 10.1007/978-3-658-02290-7_15, © Springer Fachmedien Wiesbaden 2013

- Prävention gegen Korruption und unfaires Wettbewerbsverhalten
- Wahrung der Menschenrechte
- Anti-Mobbing-Verhalten

15.2 Fallbeispiel nachhaltige Unternehmen

Zertifizierte Nachhaltigkeit Die Welt der Konsumenten ist im Umbruch, die Machtverschiebung erfolgt in ihre Richtung. Die Angebote von Produkten und Serviceleistungen werden im Marktdialog auf Nachhaltigkeit geprüft und optimiert. Der Bezug von der Produktivität von Unternehmen zur Publizität der globalen Verantwortung wird in der modernen Wirtschaft bedeutungsvoll. Im Mittelpunkt der ökonomischen Prozesse stehen die ökologische Verantwortung, die soziale Rechenschaftslegung, die Wellness- und Gesundheitsoptimierung und das Innovationsverhalten in all diesen Segmenten.

Corporate Social Responsibility – CSR Worauf beruht das interne Renommee des nachhaltigen Unternehmens? Es reflektiert das Gespür der Führenden, wenn sie die ökonomischen Probleme nach der Verantwortung zur Nachhaltigkeit gewichten. Einfühlungsvermögen bedeutet in diesem Zusammenhang die Aufmerksamkeit, moralische Konfliktsituationen rechtzeitig und klar zu erkennen. Dazu bedarf es der Fähigkeit, die Probleme von verschiedenen Blickpunkten aus zu betrachten, um konstruktive Lösungen zunächst im Innenverhältnis von Unternehmen zu entwerfen. Auch der ethische Bereich verlangt nach Handlungsformen, die aus einem selbstkritischen Urteilsvermögen heraus gefolgert werden. Verlangt wird das richtige Augenmaß für das Mögliche und Angemessene, das über den allgemein geforderten Standard hinausreicht.

Die Empörung über Missstände im Wirtschaftsleben allein wird die Änderung nicht herbeiführen. Modelle sind angesagt, die sich um CSR kümmern und sie auch dem Konsumenten transparent machen. CSR wird gemessen und in seiner Bedeutung gewichtet, die Unternehmen werden dafür ausgezeichnet und weiter empfohlen. Dazu bedarf es sowohl der einschlägigen Angebote von Unternehmensseite als auch der Eigeninitiative der zivilen Gesellschaft. Zertifikate runden den Auftrag ab, die evaluierten Ergebnisse den Konsumenten nahezubringen.

Was wird in der sozialen Verantwortung zertifiziert? Corporate Culture umfasst im modernen Management die Fairness im Innen- und Außenverhältnis von Unternehmen. Zu den Indikatoren zählen das korrekte Verhalten gegenüber den Mitarbeitern, die Weiterbildung, die Gesundheits- und Fitnessvorsorge in Unternehmen und die Bemühungen, Mobbing und Korruption zu unterbinden. Schädlich für die Konsumenten-Unternehmens-Beziehung sind neuerdings die Marketingformen einer „Planned Obsolescence", wo die Verfallsdauer von Produkten zum Nachteil der Kunden manipuliert wird. Ausgerechnet der Elektronikmarkt neigt zu Wegwerfartikeln und kann dies bei den digitalisierten Produkten technisch leicht bewerkstelligen. Dadurch werden bewusst Rohstoffe und Ressourcen verschwendet. Jede Form von Manipulation, die den Wettbewerb verstärkt oder verzerrt, sollte unter die Lupe genommen werden in einer verantwortungsvollen CSR, die den Wettbewerb stärken oder verzerren.

Module

- Nachhaltigkeit und soziales Verhalten
- Nachhaltigkeit und Umwelt
- Nachhaltigkeit und Finanzen
- Nachhaltigkeit und Gesundheit

CSR-Profile

- CSR-Marketing-Projekte
- Umsetzung von Empfehlungen
- Dialog mit Konsumenten
- Management von Gesundheit

Kriterien der Zertifizierung

- Soziale Verantwortung
- Effizienz der Nachhaltigkeitsstrategien
- Change-Management und Nachhaltigkeit
- Innovationsgrad
- Vermarktungszeit
- Leistungs-Benchmarking
- Gesundheitsmanagement (CFM Corporate Fitness Management)
- Servicemanagement und Kundenorientierung
- Human-Relations und Persönlichkeitsentwicklung
- Energieeffizienz
- Kundenorientierung und Servicemanagement
- Nachhaltige Investments
- Ressourceneffizientes Management
- Einhalten von Leistungsversprechen durch Nachhaltigkeit
- Arbeitsbedingungen und soziale Leistungen
- Grüne Altersvorsorgeprodukte

15.3 Fallbeispiel Hotellerie

Zertifizierung von Servicequalität und Wellnesskompetenz Die Touristikbranche wird sich entsprechend des Nachfragetrends mit weitreichenden Konsequenzen umstrukturieren. Der mit Wellness verlinkte Business-Tourismus bietet eine neue Marktchance, die eine zukunftsorientierte Hotellerie nützen wird. Die diesem Trend zugrunde liegenden Möglichkeiten streuen in weitere Tourismussegmente wie den Rekreationsurlaub, den exquisiten Kultururlaub oder den Sport- und Eventurlaub. In ihnen allen ist der Nachhaltigkeitsfaktor von Wellness- und Leistungsoptimierung enthalten.

Am Optimierungsinvestment der Nachhaltigkeit zu sparen, bedeutet am Gast zu sparen und ist sicherlich der falsche Weg zu einer modernen Hotelkonzeption. Die Nachhaltigkeit des Wohlbefindens des Gastes wird in die Entscheidung zur Dienstleistung eingebunden sein. Im Segment der Geschäftsreisenden steigt der Bedarf, mit einem Minimum an Reiseaufwand auszukommen und dennoch mit geographisch entferntesten Geschäftspartnern zu kommunizieren. Spezifische Destinationen verkürzen die Wege und erhöhen die Arbeitseffizienz.

An dieser Entwicklung wird sich das Hotel von morgen orientieren, damit es die Vorteile für seine Geschäftsgebarung nutzbringend einsetzt. Wird dann noch das Erholung spendende Ambiente im Sinne von Gesundheitsförderung mit einbezogen, ist der Hotellerie ein lukrativer Nischenmarkt eröffnet. Das Programm des Business-Wellbeing-Tourismus läuft nach dem Motto „Über die Mobilität in die Qualität". Dieser Wandel schlägt sich in der Unternehmensphilosophie spezialisierter Hotels nieder, wenn sie Informationstechnologien mit dem Erholung spendenden Ambiente eines professionellen Wellbeing-Programms verbinden können.

Gästeorientierung heißt immer, dem Persönlichkeitsmodell des Gastes Rechnung zu tragen. Der Businessreisende von heute sucht nach neuem Elan in einem Umfeld von professionellem Fitnessmanagement. Er sucht dies womöglich in Naherholungsgebieten. Das Serviceangebot wird sich auf die Schnittmengen von Business und Kommunikation auf der einen Seite und Wellness und Gesundheit auf der anderen Seite konzentrieren.

Die Hotellerie stärkt diesen Marktwert, wenn sie ihn entsprechend des Angebotsverhaltens mittels Zertifizierungen unterstreicht. Egal ob über traditionelles Labelling in der Werbung oder in elektronischen Zertifizierungen auf Internetplattformen, es gilt Sicherheit, Innovations- und Servicequalität im Tourismus zu signalisieren. Die Hotellerie vervielfacht umfassend ihre Publizität über ein interaktives Netzwerkmarketing in Sachen Business und Wellbeing-Services.

Sobald ein Hotel auf Wellnessqualität zertifiziert ist, müsste der Hotelgast mit der nötigen Serviceleistung an Informationen, Systemen und Tools zur Fitnessoptimierung und zu Better-Aging-Maßnahmen rechnen dürfen. Das erhöht die Begehrlichkeit der Hotelangebote.

Die Dienstleistungspalette von Business & Wellness-Angeboten ist umfangreich. Der Wert eines Hotels wird durch moderne Servicesysteme, durch innovative Marketing-Tools und durch Publizität aus einer internationalen Vernetzung mitbestimmt. Mit dem digitalisierten Check-in im zertifizierten Hotel erhält der Hotelgast sofort einen Zugang zum Netzwerk von abgesicherten Services. Nach jedem Check-out kann er sowohl seine Impulse für verbesserten Service ablegen als auch das Netzwerk der Optimierungen ausbauen. Gäste werden zu Usern von spezialisierten Netzwerken und sind ihrerseits darin mit Botschaften, Bewertungen und Services erreichbar. Die Attraktion des Gästeangebots erfolgt über den Austausch von Leistungen und Eventvernetzungen, die auf die einzelnen Konsumentenbedürfnisse abgestimmt sind.

Business-Erlebniswelt

- Individualisierung der Programme
- Moderne technologische Hotelorganisationsstrukturen für Hotelnetzwerke
- Einbeziehung des Erholung spendenden Ambiente für Kreativität und Wellness
- Struktur zur psychosozialen Gesundheit
- Erweiterte Leistungsspielräume für Führungskräfte
- Zeit für Business gekoppelt mit Rekreations-Offerten
- Business-Office-Kommunikations-Infrastruktur
- Mentale und physische Wellnessstrukturen
- Gesundheitsvorsorge gegen Zivilisationsdysfunktionen

Module

- Hotelatmosphäre
- Wellnessservice
- Kommunikation

Anforderungsprofil

- Change-Management-Strukturen
- Neues Hotelmarketing
- Business-Office–Informations- & Kommunikationsstruktur
- Fitnesskompetenz im Wellnessbereich
- Gestyltes Markenprofil für den Gesamtbereich Wellness-Wellbeing

Kriterien der Zertifizierung

- Check-in- und Check-out-Optimierungen
- Programme zur ganzheitlichen Fitness
- Technologieservice für Erholungsmaßnahmen
- Digitalinformation von Services & Zertifizierungen
- Hotel-Organisations-Sicherheits-Timing und Zahlungssystem (HOST)
- Cross-link-Kooperationen und -Kommunikation

Zertifizierte Wellnessqualität Future-Wellness bezieht sich auf Gesundheit, Fitness, Wellbeing und Better-Aging-Qualität. Sie wird bewertet nach dem Angebot an Problemlösungen und Innovationen zur Regeneration, Rehabilitation und Gesundheitsprävention.

Wellnessservice bedeutet, innovative Methoden zur persönlichen Leistungssteigerung, zum Bewegungs- und Ernährungsmanagement und zum Erholungsmanagement anzubieten. Wellnessservice betrifft das Wechselspiel der Angebote für eine individuelle Effizienzsteigerung und für die Erholung des leistungsorientierten und termingeplagten Berufsmenschen.

Moderne Wellnessanbieter unterstreichen ihre Kompetenz, wenn sie über die nötige Ausstattung für Stressmanagement und Fitnessvorsorge als Mittel gegen Zivilisationserkrankungen verfügen. Sie sollten die effektivsten Neuerungen zur Regeneration in ihrem Repertoire haben. Ausschlaggebend ist auch hier wieder die Durchsetzung von Seriosität gegen die Scharlatanerie rein kommerzieller Angebote.

Solch topausgestattete Wellnessressorts sind auch leichter über Zertifikate sowohl an Wirtschaftsunternehmen und deren Mitarbeiter als auch an Privatleute weiter zu empfehlen. Wellnessanbieter sollen sich nicht scheuen, ihre Leistungen marktrelevant zu kommunizieren. Damit stärken sie entscheidend sowohl ihre Position im Wettbewerb als auch ihre Gewinnsituation. Wenn Kundenwünsche transparent gehalten sind, bekommen sie den Charakter eindeutiger Handlungsvorschläge. Die Bewertung von Kundenfreundlichkeit und Servicekompetenz in Zertifikaten ist eine konkrete Hilfe zur Selbsthilfe, vor allem dann, wenn sie auf internationalen Plattformen erscheint. Der Wellness-User erhält die qualitätsrelevanten Serviceofferten zielorientiert mitgeteilt. Urlaubsgäste und Businessreisende wollen auf den neuesten Wissensstand für nachhaltige Fitness und Wellness gebracht werden. Dann sind sie auch bereit, in die Gesundheits- und Fitnessvorsorge zu investieren.

Touristikunternehmen gewinnen an Prestige, wenn sie sich über Evaluierungen ständig à jour halten. Ihre Bedeutung reicht weit über die Welt der Wellbeing-Konzeptionen bis hin in die Nutzen moderner Netzwerke. Hightech-Commodities erfüllen breitgefächert die Erfordernisse eines guten Stils von Touristikanbietern. Serviceleistungen sind immerzu entwicklungsfähig.

Module

- Gesundheitsvorsorge
- Fitness/Wellbeing
- Better-Aging

Anforderungsprofil

- Kommunikation und Kooperation von Wellness
- Better-Aging-Aufklärung
- Corporate-Fitness-Management
- Gesundheitsvorsorge gegen Zivilisationsdysfunktionen
- Information zur persönlichen Leistungssteigerung
- Information zum Bewegungs- und Ernährungsmanagement
- Information zum Erholungsmanagement

Kriterien der Zertifizierung

- Offerten zur persönlichen Leistungssteigerung
- Offerten zur Optimierung des Bewegungsapparates
- Ernährungsmanagement
- Erholungsmanagement
- Persönliche Effizienzgestaltung
- Methoden und Technologien im Stressmanagement
- Regenerationsformen
- Fitnessvorsorge gegen Zivilisationskrankheiten
- Individuelle Statusanalysen für den Fitnessurlauber

15.4 Fallbeispiel Tourismusregionen

Nachhaltigkeitsqualität von Fremdenverkehrsregionen bedeutet, die Bedürfnisse der Touristen verantwortungsvoll auf die jeweiligen Gastregionen abzustimmen. Zur umweltverträglichen nachhaltigen Tourismusentwicklung zählen Faktoren des Umweltschutzes, des Landschaftsverständnisses und des Klimaschutzes. Sensible Gebiete, welche als Reiseziel Vorteile einer nachhaltigen Entspannung offerieren, brauchen die Stärkung der Region genauso wie das Feedback einer hohen Gästezufriedenheit.

Es muss nicht gleich reiner Ökologietourismus sein, der darin besteht, eine Region mit ihren Naturerlebnisangeboten kennenzulernen. Qualitätstourismus ist vereinbar mit Sport- und Wellbeing-Tourismus. Entscheidend für die Eventkultur ist der Innovationsgrad einer Region hinsichtlich ihrer Aktivitäten und Infrastruktureinrichtungen. Etikettenschwindel darf nicht sein. Wird Verantwortung in Nachhaltigkeit zugesichert, lassen sich auch attraktive Events vernünftig auf spezifische Zielgruppen zuschneiden und über eine interaktive Tourismuskommunikation bewerben. Unverzichtbar für eine positive Nachhaltigkeitsbeurteilung einer Region ist neben der Qualität der Freizeit- und Erholungsangebote, die soziale Verantwortung der Tourismusverantwortlichen und ein gesichertes Umweltmanagement.

Module

- Umweltverantwortung
- Soziale Verantwortung
- Wirtschaftliche Incentives

Kriterien

- Image der Serviceleistungsverantwortung der Region
- Clienting-Kompetenz von Tourismusverbänden
- Präsentation der Serviceleistungen
- Verantwortungsbereitschaft zur Sicherheit
- Nachhaltigkeitsverantwortung
- Qualität von Information und Kommunikation

Anforderungsprofil

- Erscheinungsbild der Region
- Qualität der Infrastruktur
- Regionale Attraktivität
- Präsentationsgrad der Serviceausstattungen
- Gästebetreuung
- Interaktion mit der Hotellerie
- Stärke des Eventmanagements
- Qualität und Quantität der Sportangebote
- Qualität der Businessangebote
- Qualität der Familienangebote
- Korrektheit der Werbeleistung
- Organisationsressourcen
- Sicherheits- und Identifikationssysteme
- Dokumentation der regionalen Nachhaltigkeitsmaßnahmen

15.5 Fallbeispiel Sport

Zertifizierter Sportservice Der Sport wird zum eigentlichen Motor der gesellschaftlichen Wellbeing-Veränderungen der Gesellschaft des 21. Jahrhunderts. Als Lifestyle erhält er eine besondere Qualität durch eine effiziente Sportberatung hinsichtlich Diagnostik und Leistungsoptimierung. Diese wird durch effektive

Unterstützung im Bewegungsmanagement, in der Immunstabilität und in der mentalen Stärkung gewährleistet. Aufgrund innovativer Technologien lassen sich Formschwächen bei Sportlern online definieren und Dysfunktionen therapieren. Leistungsdiagnose ist ein anerkannter Faktor im Sport und erfordert eine kontinuierliche Weiterentwicklung auf.

Trainingsproblematiken treffen Spitzensportler genauso wie Amateursportler. Alle, die Sport treiben, kennen den Nutzen der Bewegungsleistung. Dennoch sind sie nicht selten mit unerwarteten Rückschlägen konfrontiert. Sie wollen wissen, wie man der Verkürzung der Muskulatur, Gelenks- oder Knorpelschäden vorbeugt, wie der Status der körperlichen Belastbarkeit gemessen werden könnte oder wie sich ein unerklärlicher Leistungsabfall analysieren ließe. Das sind Fragen, die Profisportler und Trainer genauso interessieren wie Freizeitsportler oder Hochleistungsmanager. Die entsprechenden Antworten geben innovative technologische Entwicklungen. Darauf haben die Sporttreibenden Anspruch. Sporteinrichtungen, die derartige Lösungen anbieten, sind zertifizierungsreif.

Module

- Innovationsverhalten
- Digitale Messung und Trainingsoptimierung
- Rekreation
- Energiezufuhr und Immunstabilisierung

Anforderungsprofil

- Sport-Monitoring zur Optimierung in der Hochleistung
- Trainingsfeedbacksysteme
- Individuelles Controlling
- Digitale Ortung von Formschwäche, Leistungsabbau und Trainingsüberlastung
- Elektronisches Monitoring im Mentaltraining
- Immunstärkung und orthomolekulare Überprüfung
- Evaluierung der Zufuhr von Vitalstoffen

Kriterien zur Zertifizierung

- Technologien im Trainings-Monitoring
- Innovationen zur Messung des Energiestatus von Sportlern
- Innovationen zur Immunstabilität gegen Infekte
- Vitalitäts- und Energetik-Optimierungen
- Methoden und Tools zur mentalen Stärkung
- Einsatz biomechanischer Tools zur raschen Verbesserung des Muskelstatus, der Beweglichkeit und zur Vorbeugung gegen Überforderung

15.6 Fallbeispiel Apotheken

Zertifizierter Apothekenservice Die serviceorientierte Apotheke von morgen wird von einer modernen Corporate-Identity zum Vorsorgemanagement der Gesundheit gekennzeichnet sein. Die Informationen und Services richten sich also nicht allein an die Patienten, sondern an die gesundheitsbewussten Konsumenten im Allgemeinen.

Module

- Point-of-Sales-Atmosphäre
- Servicemaßnahmen
- Kommunikation und Kundenzufriedenheit

Anforderungsprofil

- Steigerung der Kundenzufriedenheit
- Verbesserung der Serviceleistung
- Optimierung der Versorgungskette
- Warengruppenmarketing mit modernen Tools
- Management von Gesundheit

Kriterien zur Zertifizierung

- Warengruppenmarketing mit modernen Tools
- Out-of-Stock-Monitoring
- Ablaufoptimierung
- Praxisgestaltung
- Kommunikation
- Informationsverhalten und Aktionsveranstaltungen
- Better-Aging-Aufklärung
- Corporate-Fitness-Management als Vorsorge

15.7 Fallbeispiel Arztpraxen

Zertifizierter Arztservice Werden Kundenorientiertheit und das Management von Gesundheit aus Kundensicht beurteilt, kann der Bekanntheitsgrad einer Arztpraxis hinsichtlich praktischer Vorsorgemethoden gefestigt und ausgeweitet werden.

Module

- Atmosphäre der Arztpraxis
- Services aus Kundensicht
- Patientenzufriedenheit
- Zusatzleistungen und Kommunikation

Anforderungsprofil

- Marketingkonzept
- Kernkompetenzen und Zusatzleistungen

Kriterien zur Zertifizierung

- Praxis-Servicemaßnahmen
- Time-Management
- Ressourcenkonzentration auf die Kernaktivitäten
- Alternativlösungen zur Gesundheitsvorsorge
- Nutzung der Synergieeffekte aus Kooperationen
- Einsatz von elektronischen Tools zur Kundenkommunikation

15.8 Zertifizierte Anwaltspraxen

Externe Empfehlungen von Kanzleien bringen die Selbstdarstellung der Anwaltsleistungen auf eine konsumentengerechte Ebene.

Module

- Servicefreundlichkeit
- Atmosphäre
- Kommunikationsleistung

Anforderungsprofil

- Reliability of quality and services
- Flexibilität gegenüber dem Klienten

Kriterien zur Zertifizierung

- Verfügbarkeit
- Servicefreundlichkeit
- Kontinuierliche Information
- Unbürokratische Kommunikation
- Timing-Vorteile
- Verfügbare Personalressourcen
- Transparenz von Leistung und Honorar
- Referenzen bei Spezialisierungen

15.9 Fallbeispiel Dienstleistungsunternehmen

Zertifizierte Servicequalität Die Unternehmensqualität wird aus der Sicht der Konsumenten danach beurteilt, ob nicht allein Produkte und Dienstleistungen, sondern vorzugsweise Problemlösungen angeboten werden.

Zielgruppen-Module

- Dienstleister
- KMUs
- Großunternehmen

Anforderungsprofil

- Service-Diagnose
- Kundenorientierung und Serviceleistung
- Realisierung von Change-Management-Strukturen im Clienting
- Serviceorientiertes Feedback auf Produkte und Dienstleistungen
- Publizität der Kundenorientiertheit

Kriterien zur Zertifizierung

- Servicebewusstheit und Transparenz der Serviceleistungen
- Serviceinitiativen
- Kundenorientierte Beratung und Ausbildung
- Kundenwünsche und Beratungskompetenz
- Korrektheit und Zuverlässigkeit
- Innovationsverhalten
- Dialogausrichtung am Markt
- Consumer Response Tools
- Allianzbereitschaft

15.10 Fallbeispiel Kundenberater

Zertifizierte Kundenorientierung Auch in der Kundenorientierung basiert der Erfolg auf Veränderungen. Deswegen besteht eine wesentliche Aufgabe von kundenorientierten Beratern darin, die eigene Rolle stets zu aktualisieren, um ihrem Job am „Puls des Kunden" gerecht zu werden.

Module

- Ausbildung von kundenorientierten Beratern
- Zielbestimmung der Nachhaltigkeit für kundenorientierte Manager
- Wellness-Agents für den Wellnessbereich

- Anforderungsprofile
- Nachhaltiger Kreislauf eines Beratungssystems
- Ausbildungskriterien
- Visionsleitfaden
- Wirtschaftliche Prämissen zur Nachhaltigkeit und zur Serviceorientierung
- Zertifizierung und Akkreditierung

Kriterien zur Zertifizierung

- Assessments
- Beratungs- und Kommunikationstraining
- Clienting-Masterpläne
- Praxisstart und Zeitmanagement für Kundenkontakte

15.11 Fallbeispiel Finanzdienstleistung

Zertifizierte geldwerte Verantwortung Einer verantwortlichen Finanzleitung muss es wichtig sein, Krisen nicht auszusitzen oder gar von ihnen zu profitieren. Ihre Unternehmenseinheiten sollten umgehend ihre eigenen Profile und eventuell die ihrer Mitstreiter sanieren und aufbessern. Das Change-Management im Finanzsektor kann nur in den eigenen Reihen und mit Hilfe von Moderationskompetenz aus der Wirtschaft selbst betrieben werden. Konfrontiert mit dem gigantischen Finanz-Crash taucht das Gespenst einer gelenkten Marktwirtschaft wieder auf. Nicht von ungefähr warnte einst der Nationalökonom und Nobelpreisträger Friedrich v. Hayek „vor den Gefahren des Totalitarismus in der Form aller möglichen Sozialismen, auch vor jenen der modernen Wohlfahrtdiktatur." Er verwies darauf, dass „der Staat die äußere und innere Sicherheit zu gewährleisten hat, vor allem den Schutz des Privateigentums, auf dem unser Gesellschaftssystem beruht. Er darf seine Bürger sogar dazu zwingen, sich zu versichern. Nur darf er kein Monopol auf diese Versicherung haben, weil er niemanden daran hindern darf, es besser zu machen als er. In einer spontanen Marktordnung wird das verstreute Wissen nicht nur ständig genutzt und vermehrt. Der laufende Wettbewerbsprozess bewirkt eine Evolution und lässt ständig neues, verwertbares Wissen entstehen. Der Wettbewerb ist daher ein ‚Entdeckungsverfahren' ".

Wir wissen, dass Unwissenheit, aber auch Korruption das Missmanagement zu verantworten haben. Organisierte Hochstapelei gehört ebenso bekämpft wie das Spiel mit Illusionen. Die Schlussfolgerung lautet, dass gerade stark praxisorientierte Lösungen von Nachhaltigkeitsprinzipien geleitet sein sollten. Bei Geldwerten wird es immer schwierig bleiben, Schwachstellen in den Fokus zu rücken, Risiken zu eruieren und Auswirkungen zu prognostizieren. Sehr schnell sind Finanzprodukte in den Verruf der Öffentlichkeit gekommen. Trotz allem werden sie immer benötigt, egal ob zum Einsatz für große Erfindungen oder für den kleinen Haushalt. Die Dimension macht den Unterschied aus, nicht die bloße Tatsache der Möglichkeit, Geld anzulegen. Worin besteht denn die korrekte Serviceleistung?

Kapitalanalysen ebenso wie Innovationsbewertungen beruhen auf Due-Diligencies. In diesem Wechselspiel können beide Interessensgruppen, sowohl Investoren als auch Innovatoren, auf einer gemeinsamen Plattform in seriöser Begegnung aufeinanderzugehen.

Schlüsselfaktoren eines Due-Diligence-Reports

- Performance-Evaluierung der Innovation
- Appraisals der Zukunftsaussichten
- Prüfung der Wahrscheinlichkeit zur Realisierung der Projekte
- Bestimmung der Wertschöpfung
- Kundenabhängigkeitsprüfung
- Definition von Synergiepotenzialen
- Aufbau der Wettbewerbsvorteile durch Netzwerke
- Versicherungsschutz für Risiken
- Kompetenzregelung
- Adaptation der Qualifikation des Personals
- Publizitäre Präsentation
- Controlling-System

Das Medium Geld wird vom Individuum letztendlich auch als eine Lebensreserve betrachtet. Was man mit dieser Reserve macht, dazu animieren einige Leitlinien der Finanzwirtschaft. Nur darf eine Finanzdienstleistung niemanden übervorteilen.

Beobachtungsvariablen bei Finanzdienstleistern

- Leistungsstruktur des Projektmanagements
- Rendite des eingesetzten Kapitals gemessen in den Marktmatrizen
- Zielstruktur und Machbarkeit der Projekte
- Einsparungs- und Rationalisierungspotenzial
- Bestimmung des Risikobetrags und des Chancenbetrags
- Umsetzungs- und Kommunikationsstruktur

Ethik im Management 16

16.1 Zentrierung der Werte

Im Zentrum des Ethikmanagements steht das Interesse am Menschen, der wichtiger ist als Dinge, die vorübergehend wichtig erscheinen. Ethik ist die Verantwortlichkeit im menschlichen Handeln. Somit müsste Ethik auch in praktische Lösungen umsetzbar sein. Business-Ethik ist vom Einfühlungsvermögen der handelnden Personen gegenüber den jeweiligen Interessenspartnern geprägt. Die Managementleistung der globalen Verantwortung ist nicht daran zu messen, wie hoch der Gewinn, sondern wie hoch die Wertesteigerung ist.

Über Ethik in der Wirtschaft wird immer mehr gesprochen, weil die Unternehmen und ihre Manager auch daran gemessen werden. Auf diese Weise wird sich die Zertifizierung auf dem Feld der Soft-Facts als ein wichtiges Marketinginstrument in der Kommunikation zwischen Wirtschaftsunternehmen und Konsumenten entfalten.

Aus der Finanzkrise wurde gelernt, dass bei aller gelernter Risikofähigkeit mehr Disziplin gefordert ist. Geld darf nicht bezugslos verschoben oder blindlings in wirtschaftliche Wettgeschäfte hineingepumpt werden. Kapitalisierung müsste immer in Bezug zur konkreten Leistung stehen. Investitionen machen dann Sinn, wenn sie definitiv erfolgsgebunden in Realprogramme und Innovationen fließen. Dabei bleibt immer noch genügend Spielraum für ein professionelles Risikomanagement.

Ethisch falsch ist aber auch, wenn keine Entscheidungen getroffen werden und dadurch nichts bewegt werden kann. Verteilen, wie es der Staat gerne tut, ist zu wenig, es muss gemanagt werden. Anzustrebende Ziele wie Gesundheit, Frieden und Wohlstand haben absolute Priorität in den Compliance-Bedingungen. Diese globalen Imperative anzuerkennen bedeutet, sie richtig zu erkennen und sie auch maßnahmeneffizient umzusetzen.

Im Individualverhalten kommt es darauf an, dass es über der beruflichen Verantwortung und dem Konsum noch etwas gibt, was dem menschlichen Handeln

G. Matuszek, *Management der Nachhaltigkeit*,
DOI 10.1007/978-3-658-02290-7_16, © Springer Fachmedien Wiesbaden 2013

übergeordnet ist. Die bloße Ethik der Interessen anzuwenden, wird im zwischenmenschlichen Verhalten, aber auch in der neuen Werteökonomie, zu wenig sein. Die Ethik der Würde erhält immer mehr Kontur.

16.2 Frühwarnsignale für gefährdete Ethik im Wirtschaftsleben

Corporate Governance geht von Prozessen der Selektion aus, um in die Sozialisationsformen eines Unternehmens überzuleiten. Wenn Manager selektieren, bewerten sie Strukturen. In Unternehmensstrukturen stehen nicht nur objektivierte Prozesse, sondern auch menschliche Fertigkeiten, die zur beruflichen Verantwortung provozieren. Der Sozialisierungsprozess erfolgt positiv, wenn Mitarbeiter in den Unternehmen so integriert sind, dass sie sich über die Verteilung der Kompetenzen am unternehmerischen Lernerfolg orientieren können. Unternehmensidentität spiegelt sich in der Disziplinierung, in einer gekonnten Motivationsarbeit, aber auch in resultatsorientierten Rationalisierungen wider.

Jedes dieser Segmente der Personalentwicklung sollte sich im Rahmen einer verantwortungsvollen Corporate-Identity abspielen. Der berufliche Aufstieg von Mitarbeitern sollte bei freier persönlicher Handlungsfähigkeit im Sinne des Geschäftes sowohl von einem Gewinnmaximierungsverhalten als auch von Verantwortung bestimmt sein. Zur Unternehmenshygiene gehört einfach, sich nicht durch akklamationsheischende Aussagen, durch mangelnde Kompetenz und durch ein schlechtes Image abnutzen zu lassen.

Negative Strukturindikatoren am Markt

- Verflachung der Bildungsbegriffe
- Korruptionen
- Gefährliche Produkte und Produktionen
- Produktfälschungen
- Falsche Etikettierung in der Publizität
- Verhaltens-Mobbing

16.3 Umsetzung von Managementethik

In den globalen Strukturen wird das Gleichgewicht zwischen Moralstandard und Wettbewerbsfähigkeit immer bedeutungsvoller. Da geht es um Glaubwürdigkeit des Managements, das in einer Gesamtverantwortung eingebunden ist. Führungsethik ist von moralischen Grundsätzen geleitet, um die Glaubwürdigkeit des Managements zu erhalten. So wird das moderne Denken in Resultaten zugleich vom Qualitätsmanagement des Verhaltens beeinflusst.

Ethikindikatoren

- Persönlichkeitspolitik in der Personalentwicklung
- Veränderungsbereitschaft und Zielvereinbarung im Management
- Führungskultur und Einhalten nachhaltiger Verantwortungshorizonte
- Sachlichkeit, Effizienz und Empathie im Management
- Soziale Leistungsbereitschaft

16.4 Legitimierungsanspruch in den Unternehmensphilosophien

Die Ökonomie der Sorglosigkeit zählt kaum zu den Vorbildern progressiver Unternehmensführung. Eine Unternehmensphilosophie hat programmatisch zu sein, sie muss Leitmotive geben. Irgendwo braucht man sie auch in den Unternehmen, um sich geborgen zu fühlen und an den Fortschritt zu glauben. Das Verdrängen von missglücktem Management ist nicht gerade die ideale Vorstellung von Unternehmensführung. Ein falsches Rechtfertigungsverhalten schafft nur neue Probleme. Unternehmenskrisen können immer eintreten. Mangelnde Vorbildfunktion von Managern wird dem Image von Unternehmen nur schaden. Dies verdeutlicht den Anspruch auf Kontrolle der Nachhaltigkeitsfunktionen. Auch Fairness ist kommunizierbar. Die Kontrollleistung und der Motivationsschub kommen ausschließlich von veröffentlichten Bewertungen aus der Wirtschaft.

Variablen

- Objektivierte Nachhaltigkeit
- Effizienz im Nachhaltigkeits-Controlling
- Glaubwürdigkeit der nachhaltigen Investment-Ethik
- Wirtschaftliche Förderung im soziokulturellen Bereich der Gesellschaft
- Wertedokumentation und Sinnhaftigkeitsprüfung in Unternehmensstrategien
- Verantwortlichkeitsmaßstäbe im Projektmanagement
- Folgenbewertung von Projekten
- Nachhaltigkeits-Investmentsteuerung
- „Skrupellosigkeits- und Korruptions-Scrutiny“ im Dialog mit den Konsumenten
- Konsumqualitätsorientierung
- Austauschmechanismen von Marketing und
- Konsumentenkompetenz

- Menschenbild-Kooperationen
- Verantwortlichkeits-Check-up
- Krisenbewältigung durch Nachhaltigkeitsmodelle
- Nutzenfunktionen in der globalen Verantwortung
- (Produktionsoptimierung, F&E, Marketing)
- Ethische Leistungsprüfungen und Awarding

Kommunikation 17

Kommunikation ist eine für den Informationsaustausch grundlegende Notwendigkeit. Im gesunden Unternehmen pflegen die Akteure eine Effizienz des Kommunizierens, die auf die Erreichung des unternehmerischen Erfolges ausgerichtet ist. Diese Professionalität wird schon im Prozess von Forschung und Entwicklung verlangt. Denn Marketingqualität darf nicht gegen Ingenieurwissen ausgespielt werden. Über heuristische Suchmethoden und assoziative Techniken peilt eine gekonnte Teammoderation die Best-Practice an.

Auch in der Kommunikation zwischen zwei oder mehreren strittigen Ansichten geschieht nichts zufällig. Am Anfang der Konfliktlösung steht die Evaluierung. Sodann ist kommunikative Stärke gefordert, um die unterschiedlichen Denkpositionen in eine konvergente Unternehmensrichtung zu leiten. Aus den Rückkoppelungsprozessen werden neue Marken-, Marketing- und Projektphilosophien formuliert. Der konkrete Nutzen guter verbaler Kommunikation misst sich an der Motivation und am gelungenen Wissensaustausch.

Kommunikative Fähigkeiten ganz anderer Art sind notwendig, wenn ein Spannungsniveau von Meinungen austariert werden soll. Eine werbespezifische Ausdrucksweise wiederum zielt darauf ab, marktorientierte Informationen richtig zu verpacken. Dort fördern gut formulierte Begleitstorys die werbliche Überzeugungsarbeit zur Nachhaltigkeit. In Marktbeziehungen treten immer unterschiedliche Interessen auf, die von verschiedenen Ansprech- und Interessensgruppen vertreten werden. Jedes dieser Segmente ist in der ihm eigenen Sprache anzugehen. Der Output ist dann positiv, wenn die sachlichen Argumente in adäquate Meldungen umgewandelt werden und dies womöglich in der Zielgruppensprache. Konsumentenorientierte Manager werden stets in dieser Kunst zu trainieren haben.

Kommunikationsbewertung

- Prägnanz einer Aussage bezogen auf Bedürfnisse
- Bestimmung der Treffgenauigkeit der Botschaft
- Prüfung der Akzeptanz beim Empfänger

G. Matuszek, *Management der Nachhaltigkeit*,
DOI 10.1007/978-3-658-02290-7_17, © Springer Fachmedien Wiesbaden 2013

Rückkoppelungseffekte

- Förderung von Querdenken und Risikoübernahme
- Verbindung von Vision und emotionaler Resonanz
- Moderation von Expertenwissen im Unternehmen
- Gewährung maximaler Transparenz im Austauschprozess
- Gezielte Veröffentlichung von Erfolgen und Initiativen

17.1 Kreativität

Kreativität ist ein Puzzlespiel aus Bekanntem. Uniformität ist im planenden Denken Gift für Wirtschaftsunternehmen. Es ist bekannt, dass die meisten Softwareangebote in den ökonomischen Gleichschritt abfallen. In Organisationsprozessen mag dies gut sein, im Marketing sind diese Formen bloße Erfüllungsprothesen ohne Managementbrillanz. Sie sind nicht erfolgsorientiert und der Tod jeder Kreativität und jeden Fortschritts. Deswegen sollten EDV-Aufgaben nicht von vornherein mit Managementaufgaben vermengt werden. So schlimm das auch für akademische EDV-Spezialisten klingen mag, die Datenverarbeitung und die Softwarebranche ist nur Erfüllungsgehilfe für schnellere Abwicklungen. Sie dürften sich als Technologieexperten nicht in den systemischen Ablauf des Managements mischen. Analog gab es ähnliche Untugenden in der Vergangenheit, als die Unternehmenskommunikation den Werbespezialisten überlassen wurde, die nur Experten für die Gestaltung hätten sein dürfen. Auch Zertifizierer dürfen nicht in die Standardisierungsfalle hineinfallen. Ein Wegstehlen in die Standardisierung führt zu entscheidenden Wettbewerbsnachteilen. Das Herausragende kommt nicht von der Stange. Die Standardisierung lenkt vom Manko ab, sie ist der Feind der Kreativität. Kreativität aber macht verantwortlich, weil sie die Initiative fördert.

Die standardisierte Zertifizierung, wie sie von Technikorganisationen oder Softwarefirmen angeboten wird, ist für innovationsorientierte Unternehmen, also für ein Change-Management, ungeeignet. Bei technischen Zertifikaten ist die Standardisierung notwendig. Dort müssen Grundsicherheiten absolut erfüllt werden. Es gibt aber darüber hinaus den Anspruch auf nachhaltige Sicherheit und Echtheit im wirtschaftsgesellschaftlichen Engagement. Dort ist „gut gemeint“ im Sinne eines Basisstandards zu wenig. Auf den Marktdialog ausgerichtete Zertifikate brauchen die Kreativität zur Problemlösung. Optimierungsmodelle, nicht Standards, sind die Herausforderung an den modernen Modus der Zertifizierung.

Ideenfindung Auf den ersten Blick scheint das persönliche Talent für die Kreation neuer Ideen verantwortlich zu zeichnen. Doch Kreativtechniken sind zur Ideenfindung auch erlernbar. In der globalen Verantwortung hilft jeder kreative Zugang, um

Projekte der Nachhaltigkeit profitabel auszurichten. Doch nicht jedes technologisch machbare Projekt ist um jeden Preis umzusetzen. Die gemessenen Faktoren sollten erst auf Nachhaltigkeit abgewogen sein, bevor der definitive Entscheidungsprozess einsetzt.

Im emotionalen Modus kann sich die individuelle Intuition wohl am besten entfalten. Dort ist der Mensch sensitiv und mental besonders für neue Ideen empfänglich. Emotionale und rationale Komponenten werden ausgetauscht und auf ihre Vor-und Nachteile gecheckt. Zwar ist der Planungserfolg dann immer noch nicht garantiert, aber durch die Kombination aus Intuition und Ratio wird eine neue wertvolle Bewusstseinsstufe erreicht.

Rationale Methodik der Ideenfindung

- Brainstorming
- Synektik
- Bionik
- Morphologische Matrix

Während die Entscheidungsfindung auf Deduktion beruht, beruht die Kreativität auf Induktion, auf der Betrachtung vom Einzelfall ausgehend. Die Innovationsidee kommt aus etwas bereits Vorhandenem. Es sind vorwiegend Verfremdungsmechanismen bestehender Vorgänge, mit deren Hilfe die Gedanken zu neuen Ideen gelangen. Brainstorming ist wohl die bekannteste Art der kreativen Findung. Sie wirkt manchmal schon inflationär abgedroschen und wird dadurch auch falsch eingesetzt. Die Ideenauswertung bringt dann mangels professioneller Grundkenntnisse in der Methodik nicht immer den erwünschten Erfolg. Da es um individuelle Techniken geht, ist jede Brainstorming-Session anders strukturiert. Die subtilen Motivationsgrade sind von Fall zu Fall verschieden angelegt. Mithilfe der bionischen Methoden werden beobachtete Phänomene der Natur auf neue Ideen übertragen. Biologische Vorgänge reizen zu neuen Denkmotiven vor allem für technische Erfindungen an. Weitere Denkanreize bieten synektische Methoden, bei denen in der Kreativitätsphase über Bilder oder Begriffe ein Kreativitätsprozess ausgelöst wird. Je besser die Moderation, umso produktiver der Output. Die rationalste Form einer leicht gesteuerten Kreativität bietet die Methode der morpholigschen Matrix. Sie eignet sich besonders gut für komplexe Strategiefindungen an. Hier wird im Gegensatz zu den drei anderen Techniken mit Bewertungsparametern gearbeitet, die einen Auswahlprozess optimieren sollen. Bei allen Kreativitätsmethoden werden eingefahrene Denkgrenzen überschritten, um überraschend neue Ansätze von Problemlösungen zu erarbeiten.

17.2 Individual-Update

Diese Thematik gehört zu den Vitallinien im wirtschaftlichen Kräftefeld des Managements – und da heißt es auch rasch zu reagieren. Die Lösung liegt in der Zuversicht, dass die Führungskraft es schafft, plötzlich auftauchende Probleme zu lösen. Wer anspruchsvolle Pläne macht, sollte auch dafür sorgen, dass sich die Ziele verwirklichen. Wer sich darauf einstellt, wird aller Voraussicht nach die Resultate erhalten, die er für einen bestimmten Zeitpunkt für den Zweck seines Unternehmens erreichen möchte. Dies ist Grund genug, nicht auf die Vorzüge einer Methodik zu verzichten, um Situationen zu optimieren. Je tiefer und intensiver das persönliche Marketing ist, desto sicherer ist Effizienz garantiert. Nichts ist effizienter als Beharrlichkeit in der Zielsetzung verbunden mit einem seriösen Persönlichkeitscontrolling. Es ist gefährlich, im Nebel wild draufloszufahren; ebenso gefährlich ist es in unternehmerisch vernebelter Sicht loszupreschen. Deswegen sind Check-ups wichtig. Die Konsequenz ist klar: wer die Logik des Systemischen anwendet, wird den unternehmerischen Erfolg spüren. Ohne managerielle Reaktion werden Manager zu Verlierern.

Elemente des Persönlichkeitseinsatzes

- Rhetorische Möglichkeiten
- Ideenfindung
- Ideenbalance
- Entscheidung und Präsentation

Präsentation nach außen

- Imageoptimierung
- Methodik zur Stärkung von Identität
- Motivationsvermittlung
- Präsentationstechniken im Umgang mit moderner Informationstechnologie

Dialektik

- Effizienz der Argumentation
- Verhandlung und Diskussion
- NLP in der gesellschaftlichen und wirtschaftlichen Diskussion
- Empathische Steuerung und Rochade-Technik
- Persönliche Durchsetzung und Konfliktlösung
- Einwandbehandlung und Fragemethodik

Persönlichkeitscoaching

- Zeitökonomie
- Persönliche Leistungssteigerung
- Gesundheitsmanagement

Gesundheitsmanagement

- Persönliche Leistungssteigerung und physische Leistungsoptimierung
- Bewegungs- und Ernährungsprogrammierung
- Erholungsprogrammierung
- Persönliche Effizienzgestaltung
- Stressmanagement
- Regenerationsprogrammierung
- Gesundheitsprophylaxe
- Fitness-Controlling

Mentale Leistung

- Mind-Mapping mit biomechanischer Unterstützung
- Elektronische Effizienzmessung
- Mentalfonie© zur Stärkung der mentalen Performance

17.3 Der Umgang mit Sprache

Der menschliche Geist ist durch Selbstbewusstheit und bewusstes Erleben charakterisiert. Er wird vom Denken und von der Sprache geprägt. Der richtige Umgang mit Sprache zeigt sich in einer effizienten Kommunikation. Jede zielorientierte Kommunikation baut ihr Fundament auf der Definition von Begriffen auf. Definieren wir die Situationen korrekt, werden wir den Verlauf einer Diskussion in Richtung Objektivität lenken. Manager sollten stets überdenken, wie sie richtig formulieren, damit sie auf Basis von Daten und Überzeugungen das erwünschte Ziel auch erreichen.

Eine qualifizierte Rhetorik ist bei vielen unternehmerischen Funktionen unentbehrlich. Sie ist nicht zuletzt in der Lage, den Ideenaustausch in der Werteökonomie zu beeinflussen. Wenn sich Manager der subtilen und präzisen Rhetorikformen bedienen, werden sie fähig, im Überzeugungsgespräch, in Konferenzen oder in Entscheidungsfindungsprozessen die bestmöglichen Lösungen zu erstreiten. Die Fertigkeiten des Überzeugens sind wichtig, damit gerade Inhalte der Werteökonomie erfolgreich vermittelt werden.

Im Umgang mit Kommunikation gibt es unumstößliche Regeln. Diese werden von Managern teilweise aus ihrer Veranlagung heraus beherrscht, zum anderen sind sie immer wieder trainierbar. Im Management löst sich gute Rhetorik von ihrem Selbstzweck, da sie dort konkrete Inhalte zu transportieren hat. Da kommt es nicht allein auf den Eindruck, sondern auch auf den Inhalt an. Die Kommunikation erhält eine neue Qualität durch die neuen Informationstechnologien. Das moderne

Instrumentarium erhöht die Multiplikatorwirkung. Die Aussagen sind nicht mehr auf ein einziges geschlossenes System beschränkt.

Eine gelungene Business-Mitteilung wird nicht nur nahe am Zuhörer, sondern ebenso nahe am zu vermittelnden Thema sein. Der gesunde Menschenverstand verlangt regelrecht nach zusätzlichem Wissen, um die Verständigung mit Geschäftspartnern zu verstärken. Manager bringen sich permanent als Akteure eines Wissensprozesses in die ökonomische Kommunikation ein. Wenn sie diese Fertigkeit ordentlich trainieren, üben sie nichts Nutzloses. Im wahrsten Sinne des Wortes gewinnen sie an Ausdruck und untermauern ihre Authentizität. Selbst exzellente Kommunikatoren sind bemüht, sich immer wieder zu perfektionieren.

Gute Rhetorik entspricht gutem Motivieren. Das verlangt der moderne Change-Management-Prozess. Die wirtschaftliche Fachlogik kann ohne gesellschaftliche Zusammenhänge nicht mehr begriffen werden. Mithilfe einer intelligenten Dialektik lassen sich schädliche Ideologien ausblenden. Das Interesse wird auf die Kernproblematiken gelenkt. Zufriedenstellend sind diejenigen dialektischen Ergebnisse, die zu konstruktiven Problemlösungen führen.

Vorspiele in der rhetorischen Kommunikation sind geeignet, geblockte Positionen vorerst zu lockern. Nichts anderes erfolgt im Bereich der Publicity. Schwächelnde PR-Aktivitäten bedeuten immer einen Kräfteverlust. Dieser darf gar nicht erst entstehen oder muss möglichst bald durch gute Kommunikation kompensiert werden. Erst dann wird der Wandel zum Positiven in der vernetzten Struktur erreicht. Der Überzeugungsprozess setzt dort an, wo er sich auf prestigeträchtige und ökonomische Vorteile beruft. Durch Rede und Gegenrede wird Aufmerksamkeit erzeugt. Kommunizieren heißt auch besser taktieren. Werden die ergebnisorientierten Strategien fachgerecht an die Öffentlichkeit getragen, lassen sie sich auch schnell verwirklichen.

Nicht so sehr das unbedingte Eingehen auf die ursprüngliche Nachfrage macht das effiziente Wirtschaftsgespräch aus, sondern das Motivieren zum strategisch umfassenden Handeln. Innovationen wollen wahrgenommen werden. Protagonisten neuer Ideen müssen es auch aushalten können, markante Risiken abzustecken. Dann kann auch die Problemlösung auffällig präsentiert werden. Die Bedeutung der Überzeugungskommunikation besteht darin, von der zweitplatzierten Lösung abzulenken und vom Suboptimalen abzuheben. Der Dialog wird plötzlich dem Adressaten zur Inspiration. Geworben wird für Inhalte, Strategien und Marken. So wird Nachhaltigkeit auf der Bühne des Marktes aussagekräftig inszeniert.

Minderheitsüberzeugungen werden leichter durchgesetzt, wenn das Zielgruppenauditorium entsprechend ernst genommen wird. Mit den Waffen des Wortes können die Eigenheiten einer Geschäftsphilosophie perfekt durchgefochten werden. Da liegt im digitalen Bereich noch ein gewaltiges Potenzial offen. Effektive

Rhetorik setzt nicht auf Gefälligkeit, sondern auf Klarheit des Lösungsanspruchs. Wenn viele Drohpotenziale auftauchen, müssen ebenso viele entsprechende Anreizpotenziale geöffnet werden.

17.4 Kompetenz zu Charisma

Wenn neue Managementformen und Konzepte für Nachhaltigkeit gesucht werden, ist die Brücke zwischen Unternehmen und Konsumenten immer die Vorbedingung. Da müssen Führungskräfte Kreativität im Unternehmen zulassen können. Übernehmen Manager den Auftrag zu einer Kohärenz der Nachhaltigkeit in allen Unternehmensbelangen, werden sie das nötige Wissen und eine gewisse Kommunikationsleichtigkeit für die Entscheidungsfindung brauchen. Diese wird dann möglichst transparent in die Netzwerke übersetzt. Für den Führungsstil ist wichtig, Unklarheiten präzise aufzulösen und so Stresssituationen zu vermeiden.

Ethische Verhaltensmuster des Commitments einer Führungskraft funktionieren über ihre mentale Erfahrungsstärke. Sie macht das Charisma der Unternehmenspersönlichkeit aus. Funktionales Charisma besteht darin, das Wissen gut überzeugend, aber nicht dogmatisch auf alle Interessensgruppen zu übertragen. Kommunikation gilt als der wichtigste Geschäftsprozess in einer Umgebung globaler Nachhaltigkeit. Die Barrieren der Einwände werden durch korrekte Evaluierungen schnellsten ausgeräumt.

Die kommunikative Stärke beginnt beim rhetorischen Know-how und wird mit der Persönlichkeitsdarstellung untermauert. Das nonverbale Verhalten drückt sich im Stil der Führungskraft aus. Multikulturelles Verständnis, ein agiles Auftreten, das auf sportliche Aktivitäten schließen lässt und eine Variabilität an Lebensformen der Bejahung sind für die Durchsetzungsmechanismen im Management förderlich. So wird die Wertschöpfung einer Persönlichkeit ins Unternehmen nutzbringend eingebracht.

Gute Manager lieben die Freiheit. Managern, die am Geld oder an Positionen zu sehr hängen, könnte es an der nötigen Verantwortung fehlen. Diese Einschätzung sollte vor den Topetagen nicht ferngehalten werden. Wenn die Funktionsträger versagen, sollten sie nicht noch belohnt werden. Was Versagen bedeutet, ist richtig und korrekt zu definieren. Ein optimal durchgeführtes Assessment in der Einstellungsphase sollte ein provoziertes Versagen ausschließen können. Eine vorübergehende Autorität, die nur vorübergehend oder auf Abruf wirkt, gibt es nicht.

Aktionsprofil im Problemlösungsverhalten

- Wertfreies Aufnehmen von Informationen
- Akzeptieren der damit verbundenen Meinungen
- Feststellen von Diskrepanzen im System
- Einschätzung der relevanten Entscheidungsparameter
- Optimierung der Problemlösungsansätze
- Kommunizieren der Projektidentität

Repräsentationskompetenz

- Wissensautorität
- Vertrauen
- Erfolgsorientierung
- Kommunikationsstärke
- Auftrittsauthentizität

17.5 Kommunikationsdreieck Phonetik – Rhetorik – Dialektik

In der Rede und im Dialog beeindruckt die Sprachmelodie lange bevor die Inhalte zum Zuge kommen. Natürlich gibt es physiologisch bedingte Unterschiede der Sprachmelodie, doch kann ein Training der Atemtechniken oder eine mentale Lenkung den phonetischen Einsatz fördern. Das können viele Praktizierende der unterschiedlichsten Anwendungsgebiete bestätigen, bis hin zu denen, die trotz Handicaps gewaltige sprechtechnische Leistungen hervorbringen. Eine gut eingeübte Stimmresonanz schafft den nötigen Rahmen zum perfekten Ausdruck mündlicher Präsentationen.

Die formale Rhetorik ist vom Stil geprägt. Der Redner repräsentiert die eigene Persönlichkeit. Klarheit im Ausdruck und Sachlichkeit in der Darstellung sind Voraussetzungen, um beim Adressaten in der gewünschten Spur anzukommen. Timing, Gehabe, Logik und Esprit sollte der Sprechende beherrschen. Der Erfolg von Präsentationen, Reden und interpersonellen Aussprachen hängt von der dialektischen Fähigkeit des jeweiligen Präsentators ab. Die Dialektik bestimmt die kommunikative Auseinandersetzung besonders in Diskussionen, Besprechungen und allen Formen des Diskurses. Ihre präzise Erarbeitung, ihre Abfassung und ihr logischer Einsatz führen zu erfolgreichen Ergebnissen.

Damit alle Ansprechpersonen einer Zielgruppe nicht nur alles verstehen, sondern auch ernst nehmen, muss die Präsentation alterozentriert funktionieren und trotzdem den einzigartigen Nutzen des Projekts hervorheben. Stichhaltige Argumente bauen auf dem Vorgang der objektiven Deduktion auf. Wieder gilt der

Grundsatz, aus der Perspektive von oben nach unten und nicht vom Detail ausgehend zu argumentieren. Das gekonnte Analysieren und Argumentieren entspringt nicht zuletzt dem Wissen aus einer umfassenden Bildung und Erfahrung.

Bei widersprüchlichen Betrachtungen einer offenen Situationslogik, in der es um Leistung geht, helfen Analogien aus dem Fundus der Sportwelt. Für viele Argumentationen in Sachen Objektivität bietet sich dieser Trick an. Offensichtlich lässt sich nichts objektiver darstellen als der Vergleich mit einer Sportperformance. Die daraus gezogenen Argumente sind meistens nicht zu widerlegen. Nur muss man sich in der Materie dieser Analogien auch auskennen.

Rhetorische Konzeption

- Beobachten
- Korrigieren
- Optimieren
- Einüben
- Auswerten

Geheimnisse des erfolgreichen Artikulierens

- Atemtechnik
- Stimmschulung
- Sprechtechnik
- Stressbewältigung

Rhetorisches Zielblatt

- Kompetenz
- Wertschaffung
- Veränderung
- Chancenbildung

Coaching zum motivierenden Verkaufen

- Begleitung in der Kontaktgewinnung und -verstärkung
- Präsentationstechnik
- Rhetorisches Taktieren
- Mediation in Verkaufsanbahnung und Verkaufsgespräch
- Chancenauswertung in der Verhandlungsführung
- Umgang mit Störfaktoren
- Einwandbehandlung
- Konfliktmoderation

Inhaltliche Relevanz von Rede und Konferenz

- Interessensabgrenzung
- Realitätsbezug
- Aktionsleitlinien
- Nutzenbegründung

17.6 Publicity

Eine breite Öffentlichkeit in die Verantwortung zu ziehen macht Sinn, wenn dort auch eine breite Qualifikation vorhanden ist. Deswegen kommt dem Elitekonsumenten mit seiner Leitfunktion eine besondere Bedeutung zu. Die Verständigung der Unternehmen mit den Elitekonsumenten erfüllt sich in einer Kommunikation über die Zukunft. Zu diesem Selbstverständnis kommt, dass Qualität vor Quantität kommt. Steht einmal ein Unternehmen durch Empfehlung in der Öffentlichkeit, muss es diesem Image auch gerecht werden und ständig innovativ ausgerichtet sein. Die Öffentlichkeit ist nicht gewillt, Berichte der Unternehmen ungefiltert zu glauben. Deswegen wird zertifiziert.

Kriterien zur Promotion von Nachhaltigkeit Check-up

- Positionierung der Dienstleistungen im Marktfeld der globalen Verantwortung
- Thematisierung des Angebots und ethische Begründung der Markenversprechen
- Unverwechselbarkeit der Projektprofile
- Zuordnung der zugeschriebenen Identitätsfaktoren
- Appeal der Information: Kommunikationsgerechte
- Formulierung der Produkt-/Dienstleistungsaussagen
- Kontrolle der Produktwahrheit
- Nutzung des Relative-Share-of-Voice-Effekts (Werbe symbiosen) aus Netzwerken und strategischen Allianzen

18 Managerausbildung

18.1 Profile der Nachhaltigkeit

Wissen lässt sich organisieren. Als nachhaltig orientiert dürfen sich diejenigen Manager bezeichnen, die sich im Wertemanagement souverän bewegen können. Dies ist eine der Schlussfolgerungen aus dem Plädoyer für eine Wertegesellschaft, die das Wirtschaftsleben bestimmen sollte. Zu den ökonomisch anzustrebenden Soft-Factors zählen der Bedarf der Gesellschaft an gesunden Bürgern, der Schutz der Umwelt, finanzielles Wohlergehen und gesellschaftliche Authentizität. Deswegen sollten Manager ihre Macht respektvoll ausüben, um das Vertrauen beim Konsumenten zu festigen. Auch dieser Modus hat etwas mit Wissensmanagement zu tun. Manager sind aufgerufen, in den öffentlichen Dialog der neuen Wertegesellschaft einzusteigen. Dazu sind sie aus ethischen und aus wirtschaftlichen Gründen angehalten. Mit der Wertethematik und ihren Problemlösungen sollten sie sich auskennen. Das Berufsbild der Manager spiegelt das wider, was sie auf der Basis ihrer Ausbildung und Erfahrung in eine Unternehmung einbringen.

Fertigkeiten in der Neuen Werteökonomie

- Systemanalytisches Denken
- Kommunikationskompetenz in Sprache und Verhalten
- Ethische Verantwortung
- Problemlösungskompetenz im Entscheidungsfindungsprozess

G. Matuszek, *Management der Nachhaltigkeit*
DOI 10.1007/978-3-658-02290-7_18, © Springer Fachmedien Wiesbaden 2013

18.2 Bildungszeiten

Schon seit langem wird diskutiert, ob es notwendig wäre, eine eigene Studienrichtung für den Managerberuf zu konstruieren. Alle bisherigen Versuche der Umsetzung eines neuen Ausbildungssystems haben laut „Harvard Business Manager" ein ganzes Jahrhundert gewährt und haben bislang nicht funktioniert. Und dennoch bietet gerade das Managerberufsbild die Möglichkeit, einen völlig neuen zeitadäquaten Modus von Bildung umzusetzen.

Um Bildung im ökonomischen Sinn auf seine Determinanten hin auszutesten, sollten vorab die Fragen geklärt sein: Welchen Stellenwert hat Managementqualität im Austauschprozess zwischen Unternehmen und Konsumenten? Was ist Managementwissen? In komplexen Systemen genügt es nicht, Informationen einfach herunterzuladen. Sie müssen auch als solche bewertet werden. Wissen lässt sich nicht einfach herunterschlucken, es will verarbeitet sein. Diese Komponenten haben momentan noch ein Defizit in den Ausbildungsstätten für moderne Wirtschaftslenker.

Das gegenwärtige Ausbildungssystem verleitet dazu, die Informationsvermittlung zu maximieren und das Verstehen der Zusammenhänge zu minimieren. Blindes elektronisches Manipulieren, wie es sich heute in der Allgemeinheit ausbreitet, tötet die Kreativität ab. Die Spielräume des Denkens werden zugeschüttet, sodass die Umsetzung in den neuen Strukturen nur mehr suboptimal funktioniert. Das hat möglicherweise damit zu tun, dass wir uns nach dem ersten Enthusiasmus erst langsam an den normalen Modus der elektronischen Welt gewöhnen. Wir sprechen von Instrumenten und nicht von Inhalten. Sportler werden auch erst zu Weltmeistern oder Olympiasiegern, wenn sie etliche Jahre harten Trainings hinter sich haben. Im Wissensmanagement dauert dieser Aufbauprozess mindestens ebenso lang und ist nie abgeschlossen. Die Lebensberufsausbildungszeit von Managern ließe sich nach den Qualifikationsansprüchen des Zeitkontinuums strukturieren: der Grundstein wird in einer soliden Universitätsausbildung gelegt. Dort wird das professionelle Denken gründlich einstudiert. Sicherlich bietet sich ein betriebswirtschaftliches Studium als fachlicher Einstieg an. Nur ist es nicht die alleinige Möglichkeit, die Grundsätze des wirtschaftlichen Lernens kennenzulernen. Es gibt andere Fachgebiete, in denen das sinnvolle Erarbeiten von Quintessenzen aus ökonomischen und sozialen Komplexitäten angeeignet werden kann. Gerade Quereinsteigerausbildungen heben die Wertigkeit der Managerkompetenz an. Die Praxis der multinationalen Konzerne in den 60er Jahren des vorigen Jahrhunderts, Absolventen von verschiedenen Studienrichtungen zum Karrierestart auszuwählen, war wohl richtungsweisend.

Der ausgebildete Betriebswirt, der sich bloß in betrieblichen Mechanismen zurechtfindet, ist nicht immer derjenige, der die unternehmerische Gesamtschau optimal beherrscht. Gerade die strategische Kompetenz wird für den Erfolg in den Unternehmen der Zukunft von Bedeutung sein. Sie muss den Erfordernissen eines nachhaltigen Managements entsprechen. Auf welche Weise und wann die betriebswirtschaftlichen Grunderfordernisse erlernt werden, ist nicht so entscheidend wie das Gebot, dass sich Manager ständig ein umfassendes Managementwissen aneignen.

Im Management wird immer der Wettbewerb der Ergebnisse vorherrschen. Deswegen spielt der individuelle Einsatz eine gewichtige Rolle. Er ähnelt in seiner Einstellung den Komponenten des Sports. Dort heißen sie Kraft, Schnelligkeit, Ausdauer. In der Managementkarriere gibt es Analogien dazu. Betriebswirtschaftliche Moralisten dürften dies vielleicht bedauern. Der Anspruch auf Leistungsfähigkeit hat sich aber inzwischen auf eine andere Wissenskapazität verlagert. Der sportliche Charakter des Karrierewettbewerbs steht in krassem Widerspruch zu den am Staat orientierten Systemen, die eher von der Arbeit als von der Leistung abhängen. Nur darf die Wettbewerbsmentalität nicht derart überhand nehmen, dass sie die Person in ihrem innersten Wesen angreift.

Es ist nicht verwunderlich, dass private Bildungseinrichtungen eher einen Mehrwert an Kompetenz und Wissen vermitteln als verbeamtete Bildungsinstitutionen. Es liegt nicht allein an der Diversifizierung der Materie. Nicht nur die Güte, sondern auch die Breite und Vielfalt sind grundlegende Kriterien für Knowledge-Management. Dieses definiert sich durch das Benchmarking von Wissen. Die managerielle Leistung wird von einer Gesamtqualifikation bestimmt.

18.3 Wissensmanagement

Neue Ideen sind gut, Tricks sind nicht immer gut. Am besten ist Wissen, aber Wissen ist nicht gleich Wissen. Wissen ist die Fähigkeit zum Handeln und mit Wissen wird die richtige Entscheidungsfindung mobilisiert. Erfahrung wird am besten aufgearbeitet, wenn sie neue Kreationen schöpft. Das schlummernde Wissen braucht Anreize, dann kommt auch das gewünschte Aha-Moment, das Neue zu implementieren. Auch für den Gefühlsfaktor muss Wissen erst verfügbar sein, um abgerufen zu werden.

Life-Long-Learning Consulting-Unternehmen, die das Wissensmanagement mit solider Evaluierung verbinden, sollten auch in der Lage sein, dieses entsprechend weiterzuleiten. Die gesamte Palette an Wissenskomponenten des Managements kann jedenfalls nicht in einem Aufwasch von nur einem Anbieter angeboten werden.

Das erarbeitete Wissenspotenzial wird im Idealfall drei Stufen durchlaufen: erstens die Aneignung des grundlegenden „Know-what", um sich wirklich gut in der Materie auszukennen. Zweitens die Perfektionierung im „Know-how", um als Meister seines Faches nicht nur das hart erarbeitete Wissen anzuwenden, sondern die Leichtigkeit der Exzellenz zu beherrschen. Drittens das „Know-why", das aus der Verknüpfung unzähliger Wissenselemente in der Lage ist, ein neues Ganzes zu formen.

Es bedarf nun einmal des jahrzehntelangen Vorlaufs im Lernprozess, aus dem sich der gute Manager nie ausklinken darf. Topexpertentrainings sind ideal, um sich auch in späteren Jahren unentwegt weiter zu formen. Das Ergebnis an perfektionierter Qualifikation, die nie abgeschlossen sein kann, macht den Charme der „50 + Führungskräfte" aus. Es sollte möglichst lange verfügbar sein. Dieser Prozess beginnt allerdings schon bei der jungen Führungskraft, wenn sie den Grundstein zu einer lang angesetzten Entwicklung setzt.

Symbiose von Theorie und Praxis Im Kombipaket der ersten Berufsjahre werden Trainees und Mentees in ihrem Berufsalltag „on the job" in ihren Fertigkeiten und Fähigkeiten trainiert. Die ursprünglich theoretisch angeeigneten Wissenselemente werden mit den ersten Berufserfahrungen verknüpft. Mit der Zeit weiten sie sich zu kompletteren Befähigungsballons aus. So entsteht, ähnlich wie in den Philosophien fernöstlicher Kampfsportarten, eine Leiter des Lebensweges zur meisterlichen Expertise.

Im nächsten Lebensabschnitt lernt der Manager zusätzliche Bereiche kennen, um mit den Aufgaben vielgeschichteter Problemfelder vertraut zu werden. Das neue Wissen wird durch systemische Muster aus fremden Spezialgebieten befruchtet. In der letzten Berufsphase übernimmt der philosophische Wertebezug die Aufgabe, im Sinne des Systemdenkens Netzwerke zu verlinken.

I. Etappe: Know-what

- Betriebswirtschaftlicher Grundaufbau
- Erkenntnistheoretischer Ansatz von der allgemeinen Managementausbildung bis zur Spezialisierung
- Training on the job Umgang mit Marketingtechniken, Personal management, Controlling

II. Etappe: Know-how

- Systemanalytisches Managementdenken
- Entscheidungsfindungsprozesse aus Kombination von systemischer Empirik und persönlicher Erfahrung
- Umgang mit Strategie und Planung
- Vertiefung der Kommunikationsleistung
- Soziales Verhalten
- Ausbildung spezifischer Management-fähigkeiten und
- Fertigkeiten
- Wechselwirkungen von geistigem und physischem Training

III. Etappe: Know-why

- Re-Set der Berufspraxis
- Auseinandersetzung mit den Bewusstseinsformen im Management
- Aufbau von Netzwerken zu anderen Wissens- und Bildungskulturen
- Ausarbeitung und Weitergabe der eigenen Erfahrungen
- Eingliederung in völlig neue Herausforderungen
- Fine-Tuning in der Vernetzung unterschiedlicher Spezialgebiete

Personalmanagement 19

19.1 Bedarfsermittlung

Die erforderlichen Personalanforderungen ergeben sich, wenn das Unternehmensorganigramm mit der Unternehmensentwicklung korreliert. Die zur Verfügung stehenden Mitarbeiter werden auf ihr Leistungspotenzial hin beobachtet und mit einem Anforderungsprofil konfrontiert. Wenn die Kapazität aus dem eigenen Unternehmensfundus quantitativ oder qualitativ nicht ausreicht, setzt der Suchprozess außerhalb des Unternehmens ein. Klar definierte Profile veranschaulichen in den Ausschreibungen die Muss-, Soll- und Kannkriterien für ein Netzwerk-Scouting oder für einen präzisen Executive-Search. Eine ausgeklügelte Auswahlmethodik überprüft das Wissen, die berufliche Halbwertzeit sowie die fachliche und die soziale Kompetenz von Kandidaten.

19.2 Recruiting

Die sicherste Methode, den richtigen Manager für die richtige Position zu finden, bleibt das professionell durchgeführte Assessment-Center. Dieses Instrument verkleinert die Fehlerquote in der Beurteilung von persönlichen Qualifikationen. Zudem bietet es die Gelegenheit, die Motivation der Kandidaten und ihr Interesse am Job besser zu verstehen. Die Chemie zwischen dem Unternehmens-Identifier und dem Bewerber sollte stimmen.

Die Erfahrungen, Fachkenntnisse und die soziale Kompetenz von Spitzenkräften werden über empirische Methoden gescannt. Je überraschender die Testsituation auf die jeweiligen Kandidaten zukommt, umso besser werden ihre kognitiven Fähigkeiten erkannt. Führungsintelligenz wird nicht an der absoluten Qualität der

G. Matuszek, *Management der Nachhaltigkeit*,
DOI 10.1007/978-3-658-02290-7_19, © Springer Fachmedien Wiesbaden 2013

von einem Kandidaten vorgetragenen Lösungen abgelesen. Sie ergibt sich aus der Wahrscheinlichkeit, dass das Urteilsvermögen und die Vorgehensweise im gegebenen Falle zu einem wünschenswerten Ergebnis führen könnten. Außerdem enden Assessments nicht bei der rigiden Prüfung von Fertigkeiten. Die empirische Beobachtung reicht weiter bis in das informelle Gespräch etwa beim gemeinsamen Essen oder auf Banketten. Die Validität der Beobachtungen wird durch einen transnationalen Erfahrungsaustausch aus anderen Unternehmen unterstützt. Bewährte Unternehmen werden selber im Benchmarking an ihren Qualitäten gemessen und so auf ihre Identität zertifiziert.

19.3 Personal-Coaching

Personalmarketing Personalmarketing ist dazu da, das Anforderungsniveau des Personals durch Job-Enrichment anzuheben. Gleichzeitig sollte der Zufriedenheitslevel von Mitarbeitern berücksichtigt werden. Corporate-Fitness-Management ist genauso angesagt wie die Optimierung der Schlüsselqualifikationen des Personals. Die Nachhaltigkeitsstrategien einer Personalentwicklung sind somit auf die Befindlichkeit der Mitarbeiter aller Jobstufen ausgerichtet. Durch eine planungsintensive Jobrotation werden schon bei den Jung-Managern die Jobhorizonte nutzbringend ausgeweitet.

Interdisziplinäre Personalformung

- Optimierung der persönlichen Leistungsstärke Stärkung der physischen und mentalen Funktionen Ökonomisierung der Zeitqualität
- Stärkung der Energiekapazität und digitale Leistungsdiagnostik
- Einsatz elektronischer Tools

Leistungsdiagnostik

- Leistungsmessung
- Leistungsoptimierung

Kompetenzmessung

- Managementkompetenz
- Sprachkompetenz
- Problemlösungskompetenz
- Soziale Kompetenz
- Kreativitätskompetenz

Persönlichkeits-Input/-Output

- Executive Search
- Stärken-/Schwächen-Profile

Persönlichkeits-Controlling

- Organisationsbezogenes Controlling
- Persönlichkeitsbezogenes Controlling
- Verhaltens-Controlling
- Persönlichkeitsentwicklung eines Managers

Bewertungstabellen

- Leistungsstandard
- Leistungskategorie
- Verantwortungsarten
- Folgeaktivitäten
- Job-Value

19.4 Job Assignment

In Managementpositionen hängt der Erfolg vom Denkstil, vom Verantwortungsbewusstsein, von der Leidenschaft, vom Charisma und von der Handlungsfähigkeit der Akteure ab. Diese Kriterien bestimmen das Anforderungsprofil und ergänzen die Wissenskompetenz von Managern. Daraus ergibt sich die Zuordnung des Jobauftrags an die auszuwählenden Bewerber:

- Personalbedarf
- Personalbeschaffung
- Personal-Controlling
- Kompetenz-Assessment
- Ausbildung
- Moderation
- Training

19.5 Personelle Kapazitäten

Das Niveau einer Persönlichkeit im Unternehmensumfeld ist keine vage Ansichtssache. Es lässt sich konkret messen. Zur Evaluierung der Business-Intelligenz müsste natürlich vorab die jeweilige Jobcharakteristik geprüft sein. Wenn die Führungsintelligenz bereits aus dem Lebenslauf der Persönlichkeit herausgelesen werden soll, wird man sowohl qualitative als auch empirische Beurteilungsfaktoren berücksichtigen. Die Anforderungen und die Erfüllung des Berufsbildes sind in diesem Kontext abgebildet.

Vergleichendes Personalmanagement

- Optimiertes Problemlösungsverhalten
- Messung der Managementproduktivität
- Dokumentierung der Schwachstellenbearbeitung
- Fertigkeiten von Impulssetzungen im Krisenmanagement

Messung des Potenzials

- Geschäftsintelligenz
- Kritisches Denken
- Managementintelligenz
- Typenbestimmung
- Fachliche Kompetenz
- Gruppendynamische Intelligenz
- Soziale Kompetenz
- Managementeigenschaften
- Fertigkeiten & Fähigkeiten

Appraisals

- Potenzialeinschätzung von Fertigkeiten und Fähigkeiten
- Beurteilung und Entwicklung der Schlüsselqualifikationen der Mitarbeiter

Biofeedback im Management

- Welche Instrumente zur Leistungsdiagnose gibt es im Hightech-Zeitalter?
- Wie werden bioenergetische Informationen genutzt?

19.6 Leistungssteigerung

Das Gegenteil von Leistungssteigerung ist Leistungsverweigerung. Diese kann sogar im Extremfall in Drogen oder in Gewalt münden. Im Leben befindet man sich lange Zeit, ähnlich wie beim Surfen, im Tunnel einer Welle und dann wird Schwung geholt und man findet sich auf den Höhen des Kamms. In solchen Gefilden fühlen sich nicht nur Sportler zu Hause, auch die Akteure in Unternehmen. Einen Plan in den zentralen Eckpunkten des Lebens zu erstellen, ist für sich schon eine große Leistung. Leistung kennt kein Handicap. Doch es wäre falsch zu glauben, dass die Bewegungseigenschaften Kraft, Ausdauer und Schnelligkeit ohne ein Training gehalten werden können. Ebenso wenig ist Leistungserhöhung im Unternehmen ohne Training möglich. Körperliche, geistige und seelische Vorgänge gehören stetig kontrolliert und verbessert. Die Beurteilung von Leistungsfähigkeit spielt im Management eine immer größere Rolle. Managern verhilft eine sportliche Betätigung zu mehr Effizienz und Energieumsetzung. Die geistige und körperliche Fitness ist enorm wichtig. Physische und psychische Zusammenbrüche ereignen sich in Managementetagen nicht selten. Doch sie werden einfach so beiseite gewischt. Wie Topmanager Raubbau an ihrer Gesundheit betreiben, ist nicht mehr ihre Privatsache. Für die Unternehmen ist es wichtig, dass ihre Manager die Entscheidungen nicht delirierend, sondern im Vollbesitz ihrer gesamten Kräfte treffen. Der vernünftige Umgang mit sich selbst hat Vorbildfunktion für die nachkommenden Managergenerationen in einem Unternehmen.

Effizienzoptimierung in der Persönlichkeitsentwicklung Kriterien

- Bewegungsmanagement
- Energiezufuhr
- Mentales Training

Instrumente

- Diagnose per Computer
- Leistungsmessung
- Auslese bei Führungskräften
- Vorbeugung gegen geistige, physische und mentale Defizite
- Refinement der Fitnessvorsorge
- Biomechanische Prophylaxe
- Zeitmanagement im Erholungsbereich
- Zeitmanagement in der Unternehmensplanung

19.7 Zeitmanagement

Ein routiniertes Zeitmanagement erfordert zusammen mit dem entsprechend durchgeführten persönlichen Controlling einen gewissen Zeitaufwand. Dieser macht sich aber in mehrfacher Variation durch Freisetzung von zusätzlicher Zeit, Zufriedenheit und Energie bezahlt. Ähnlich wie die sportliche Trainingsplanung von Zeiteinheiten und Perioden bestimmt ist, spielt sich das individuelle Zeitmanagement innerhalb einer Unternehmensorganisation im Rahmen von Zeitvorgaben ab. Der Timer ist im Idealfall in Zielsetzungen und Zeitpuffer zergliedert. Die Zeitplanung für Lebens- und Leistungsqualität wird in wertmäßig unterschiedliche, aber konsequent einzuhaltende Segmente aufgeteilt. So muss Zeit für Rekreation, Weiterbildung und konkrete Arbeitszeit sinngemäß aufgeteilt und koordiniert sein.

Projektmanagement

- Netzplantechnik
- Zeit- und Aktionsplanung
- Einbau der strategischen Marktfaktoren
- Stress-Management-Techniken
- Persönlichkeits-Qualitäts-Management
- Selbstprogrammierung

19.8 Nachhaltigkeitsberufsbilder

Sind zertifizierte Manager eine Utopie? Sie sind eher eine Selbstverständlichkeit, wenn eine spezifische Ausbildung die in der Werteökonomie ihr zukommende Rolle erfüllen soll. Führungskräfte entsprechen den Anforderungen einer persönlichen Zertifizierung oder Akkreditierung für ein Nachhaltigkeitsmanagement, sobald sie ihre Fähigkeiten auf diesem Gebiet nachgewiesen haben.

Die Hochschulbildung kann im Gesamtprozess des Werdeganges von Topmanagern nur der Signalgeber für Kompetenz sein. Neben dem Fachwissen stellt die berufliche Erfahrung mit dem nachgewiesenen Grad der sozialen Intelligenz ein wesentliches Asset dar. Der kommunikative Einsatz ist ebenso wie das Niveau der Teamfähigkeit und Führungsstärke hoch einzuschätzen. Jedes Wissen, das nicht gut verbalisiert wird, kann nicht an andere übertragen werden.

Diese Fertigkeiten sind nicht von vornherein zu jeder Zeit gleichermaßen vorhanden. Es ist die Aufgabe eines effizienten Personalmanagements, diese im Sinne der unternehmerischen Identitäten zu fördern. Im Globalitäts- und Konsumentenmanagement wird die Qualifikation durch die Beachtung objektiver Kriterien angehoben. Die Akkreditierung zertifizierter Manager stärkt die Ein- und Wertschätzung als Mitarbeiter für Nachhaltigkeit und globale Verantwortung.

Consumer-Oriented Manager

- Persönliche Reputation für Nachhaltigkeit und globale Verantwortung
- Management von CSR- und Global-Responsibility- Strategien
- Ausrichtung auf die dafür am Markt vorhandenen oder in Entstehung begriffenen Netzwerke
- Corporate-Fitness-Management

Sustainability-Manager

- Corporate Global Responsibility
- Corporate Ecological Responsibility
- Corporate Social Responsibility

19.9 Topmanagement

Das Managerbild ist für die jeweils betroffene Person eine Geschichte von Einstellungen und eine Sequenz von positiven und negativen Erfahrungen. Die hochgradig geladenen Variablen der Erfahrung sind rollenentscheidend in den Führungsetagen von Unternehmen oder im Consulting-Sektor:

- zur differenzierten Wahrnehmung von relevanten Zusammenhängen im Wirtschaftsprozess
- in der Entscheidung oder Beratung auf der Makroebene
- zur Stärkung der nachhaltigen Marktbeziehungen aufglobaler Ebene

Es ist nicht gut, wenn Topmanager sich ausschließlich mit Expansionen beschäftigen, die die geringsten Risiken mit sich bringen. Andererseits ist das Zurückschrecken vor Herausforderungen in Geschäftsfeldern, wo mit starker Konkurrenz zu rechnen ist, auch nicht vorteilhaft. Wohl haben sich Geschäftsführer und CEOs mit den Möglichkeiten hoher Renditen auseinanderzusetzen, aber immer nur unter den Prämissen der Zukunftsverantwortlichkeit.

Prozessorientiertes Denken ist wichtiger als produktorientierte Gewinnmaximierung. Wenn vorhandene Ressourcen absichtlich oder unabsichtlich nicht genützt werden, kann etwas im Unternehmen nicht stimmen. Deswegen sollte man zuerst das System verstehen lernen. Dazu verfügen ausgewiesene Topmanager über das nötige Wissen, gepaart mit Fantasie und Bereitschaft zur Durchsetzung. Spitzenkräfte sind sowohl verantwortlich für den Wachstumserfolg als auch für den Imageerfolg eines Unternehmens.

Kompetenz, Charisma und Commitment zeichnet die Topmanager der Zukunft aus. Die Expertisen liefern andere. Den Geschäftsführern obliegt die Steuerung des Gesamtkonzepts. Deswegen wäre es gut, wenn sie eine Basis im Wissensmanagement nachweisen und einen positiven Lebensstil vorleben können. Nicht selten sind Unternehmerentscheidungen schwach, weil die Akteure nicht fit sind.

Die Zulassung zu einem Spitzenjob sollte nicht zu leicht gemacht und vor allem nicht durch falsche Vorgaben verfälscht werden. Dies hat insbesondere in einer Ökonomie der globalen Verantwortung vorrangige Gültigkeit.

Befähigungsprofil von Nachhaltigkeitstopmanagern

- Werteempfinder
- Krisenbeherrscher
- Matadoren der Situationsantizipation
- Anreiz- und Motivations-Champions
- Strategiemeister
- Lifestyle-Matadoren
- Cracks der globalen Verantwortung

20 Geldwerte Leistung

Wenn wir die Grundregeln ökonomischen Handelns zusammenfassen, wird uns auffallen, dass die Ursachen der letzten Finanzkrise gerade in der Vernachlässigung solcher Grundregeln lagen. Denn nicht das der Wirtschaft zugrunde liegende Gewinnstreben brachte die Krise, sondern Unvernunft und Gier. Wenn im Markt Geld verdient wird, sind Pflichten und Werte vorhanden, diebeachtet und kontrolliert werden sollten. Verdeckte Aktionen oder unpräzise strategische Vorgaben führen meist zu Korruption. Sie schaffen Chaos. Wir werden sehen, wie wir dem zuletzt verursachten Dilemma entkommen werden.

Ein Wirtschaftssystem mit fiktiven Werten sichern zu wollen, ist unrealistisch. Geldwerte ohne Realwirtschaft sind ein virtuelles Trugbild. In einer rein virtuellen Ökonomie ohne Realitätsbezug würden nicht mehr Könner und Experten am Werk sein. Computer würden zu Entscheidungsträgern modelliert. Sie bestimmen jetzt schonin Nanosekunden, wo schneller Gelder hin- und hergeschoben werden, ohne zu wissen warum. Dennoch gewöhnen wir uns an eine teilvirtualisierte Welt. Wollen wir in dieser Welt bestehen, müssen wir die Prämissen ändern. Der Verantwortungsdruck auf die Führungskräfte wird größer.

G. Matuszek, *Management der Nachhaltigkeit*,
DOI 10.1007/978-3-658-02290-7_20, © Springer Fachmedien Wiesbaden 2013

20.1 Die Krise in Unternehmen

Hintergründe von Unternehmenspleiten

1.STRATEGISCHE KRISE

Gefährdung der Erfolgspotentiale

2.RENTABILITÄTSKRISE

Nichterreichung der DBs
und der Gewinnspannen

3.LIQUIDITÄTSKRISE

Gefährdung der Zahlungsfähigkeit

4.INSOLVENZ

Zahlungsunfähigkeit

Krisenbewältigung

Zukunft des Mittelstandes		
PROBLEME		ZUKUNFSTSICHERUNG
Kostendruck	⇨	Strategisches Management
Globaler Wettbewerb	⇨	Strategische Allianzen

20.2 Krisen-Check

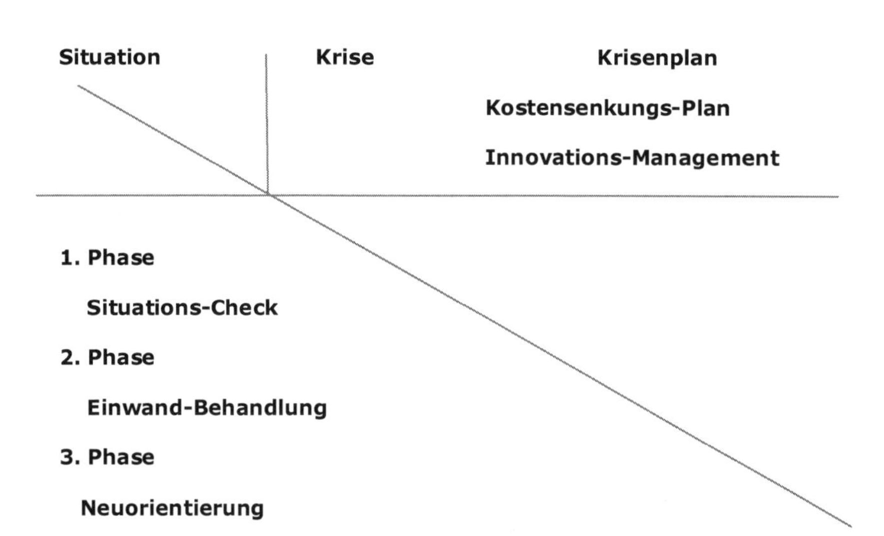

20.3 Geldwert zu Innovationswert

Analyse-Matrix für Venture Capital

	Strategie- scher Due Diligence	Performance Messung der Innovation	Performance Messung des Systems	Performance Messung des Humankapitals
Ausgangs- situation				
Technologie- Bewertung				
Unternehmens- struktur				
Qualitäts- prozesse				
Finanzierung				
Innovations- Report Ergebnisse				

J-G M

Innovations-Due-Diligence

- Performance-Messung der Innovation und des
- Systems der involvierten Personen
- Innovationsklassen
- Entwicklungsstand der Neueinführung

- Zukunftsaussichten
- Chancenwahrscheinlichkeit
- Realisierungswahrscheinlichkeit
- Bestimmung der Wertschöpfung

Kooperations-Richtlinien für Innovatoren, Unternehmen und Investoren

- Sicherheits-Check für Investoren
- Bestimmung der variablen Kosten, der Fixkosten, des fluktuierenden Profits und des Gewinn-Estimates
- Sicherheits-Check für Aktionäre
- Evaluierung der Marktlage und der Innovationstauglichkeit
- Beobachtung der unternehmerischen Leistung durch Externe
- Zielmarketing, als Erster mit der Innovation am Markt zu sein
- Schnelles Auffinden von Marktchancen und Umsetzen von innovativen Projekten
- Innovations-PR
- Nutzung von Netzwerken
- Aufklärung über finanzielle Unterstützungen

21 Die Zertifizierung als Instrument der Krisenbewältigung

Funktionsstörungen in Unternehmen werden vermieden, wenn auf Instrumente gegriffen wird, die ein qualitätsorientiertes Agieren absichern. Auf Zertifizierung in schwierigen Zeiten zu verzichten, wäre schon aus psychologischen Aspekten nicht ratsam. Optimierte Serviceleistungen sind eine Art Garantie für einen gesicherten Dienst am Kunden. Die Zertifizierung erzeugt Vertrauen und führt zur Kundenbindung. Check-ups sind vordergründig dazu geeignet, kritische Teile eines Systems so zu hinterfragen, dass sie gleichzeitig zu Problemlösungen herausfordern. Beobachtung und Aufzeichnung erfüllen dann ihren Zweck, wenn sie zu neuen Aktivitäten führen.

Um Drohpotenziale rechtzeitig zu entschärfen, muss zunächst einmal auf sie verwiesen werden können. Risiken sind keine geheimnisvollen Geister, sie werden per Monitoring transparent gemacht. Unternehmerisches Commitment wird seriös, wenn es nachhaltig ist und die Problemlösungen für alle erkennbar sind. Die unternehmerische Verantwortung ist Marktrelevant, wenn sie auch dem Konsumenten sichtbar gemacht wird.

Somit sind die unternehmerischen Motivatoren regelrecht dazu verpflichtet, den Corporate-Style zu pflegen und unfairer Nachrede vorzubeugen. Unmittelbar geschieht dies dadurch, dass die zu bewertenden Informationen an die Öffentlichkeit weitergetragen werden. Früher erhielten Tycoons Orden oder Titel für ihre unternehmerischen Leistungen. Heutzutage sind die Unternehmen die Ordensträger, deren Identität über Zertifikate in das Rampenlicht der öffentlichen Beurteilung gesetzt wird.

Üble Nachrede in der Wirtschaft wird meistens durch ungeschicktes Verhalten der Manager oder durch eine schwächelnde Unternehmenskultur verursacht. Selbst große Unternehmen werden auf diese Weise in ihren Grundfesten oftmals erschüttert. Das Reputations-Management wird zu einem Instrument der Prüfung und Veröffentlichung der Eigenwerte von Unternehmen. Der Bezug zwischen nachhaltigem Management und der Unternehmenseffizienz ist evident. Unter-

G. Matuszek, *Management der Nachhaltigkeit*,
DOI 10.1007/978-3-658-02290-7_21, © Springer Fachmedien Wiesbaden 2013

nehmensbilanzen im klassischen Sinn sind noch lange keine Verhaltensbilanzen. Positives Verhalten ist nicht selbstverständlich. Es muss erarbeitet und auch publik gemacht werden.

Items der Wertigkeit von Unternehmen

- Standardwertung und Innovationsmodellierung
- Scrutiny von Drohpotenzialen
- Funktionsbeobachtung und Risikoevaluierung
- Aufbau von Kommunikationspartnerschaften
- Legitimierungsansprüche durch Konsumenten-Lobbying
- Informations-Correctness
- Definition der Zukunftsstandards
- Nachhaltigkeits-Commitment
- Krisenbewältigungskooperationen
- Leistungsfähigkeits-Evaluierung
- Auslobung und Publizität

Epilog 22

22.1 Konsumentenorientierte Verhaltensökonomie

Werden die Unternehmen vom Konsumentenverhalten überrascht? Besser wäre es, wenn globale Verantwortung rechtzeitig einen richtungsweisenden Einfluss auf die Verantwortlichkeit des Managements bekommt. In der zuletzt durchlebten Wirtschaftskrise wurde die Verhaltensökonomie von zwei Leitgefühlen geprägt: Angst und Gleichgültigkeit. Diejenigen, die noch über Geldressourcen verfügten, ließen sich einerseits aus einer Art Kismet, andererseits aus Angst nicht davon abhalten, die noch verfügbaren Geldressourcen auszugeben, statt zu horten. Eben weil das Gespenst der Angst vor dem totalen Zusammenbruch des Wirtschaftssystems umtrieb, wurde nicht nur von oben, sondern rechtzeitig auch von unten, wo es noch möglich war, Geld in den Kreislauf gepumpt. Wehe, wenn dieser Zufluss unterbrochen wird.

Nach den Gesetzen der Verhaltensökonomie hält dasjenige Unternehmen den Vorsprung, das am geschicktesten argumentiert und die Argumente richtig verpackt kommuniziert. Manager brauchen sich ihrer Effizienz nicht zu genieren. Dies wirkt beruhigend, sofern die Impulse aus der Sicht einer Werteökonomie kommen. Der mündige Qualitätskunde wird dabei eine Co-Führungsrolle übernehmen. Der Moloch Massenverbraucher wird sich von ihm lotsen lassen. Eine effiziente Verhaltensökonomie liegt daher sowohl in der Hand der Unternehmen als auch in der Verantwortung der mündigen Leitkonsumenten.

22.2 Unternehmensführung am Puls der Nachhaltigkeit

Zukunftsprojekte werden nicht mehr auf Basis von nackten Bilanzkennziffern bestimmt. Der Support kommt aus der Methodik eines ganzheitlich angelegten Systems. Praktisch umsetzen lässt sich diese Form des Managements in Unternehmen

G. Matuszek, *Management der Nachhaltigkeit*,
DOI 10.1007/978-3-658-02290-7_22, © Springer Fachmedien Wiesbaden 2013

am besten dann, wenn die Unternehmenskultur sowohl ein Querdenken als auch emotionale Resonanzen aus Visionen zulässt.

Der Zusammenhang zwischen managerieller Vielfalt und geopolitischer Öffnung ist in der heutigen Welt unbestritten. Unternehmen, die sich ihr Know-how aus aller Welt holen, betreiben aktives Wissensmanagement. Ideen sind wie Rohstoffe. Wenn die Elemente des zugespielten Wissens miteinander kombiniert werden, entstehen innovative Impulse. Dazu wird Expertenwissen ins Unternehmen eingeschleust. Ein seriöses Management ist für die Transparenz und die korrekte Kommunikation verantwortlich.

Unverständlich ist es, wenn ausgerechnet im Innovationsmanagement unerträglich blockiert wird. Change-Management bedeutet die positive Abweichung von Programmen, die auf Menschen und auf Systeme bezogen sind und den Fortschritt vorantreiben. Change-Management geht von neu gewonnenen Erkenntnissen aus. Die Umsetzungen dürfen nicht gehemmt werden. Die explosiven Veränderungen sind ohne Einsatz von Kreativität und ihren Methoden nicht zu bewältigen. Kreativität ist ein Prozess des Lernens und Wissens, der obendrein von Intuition und Inspiration geleitet ist. Nicht selten ist Kreativität sogar eher von Wiederentdeckung als von Neuentdeckung bestimmt. Ohne den Blick auf das Ganze ist sie verloren.Da der Wandel dringend erforderlich ist, sind Führungskräfte stets zur entschlossenen Kreativität aufgefordert. Solche Initiative kann begeistern, macht aber auch verantwortlich.

Das nachhaltige Managen setzt auf das Vertrauen in ein gut gesteuertes Wissensmanagement. Auf Consulting und Coaching kommen wichtige Aufgaben zu. Denn was würden Informationen nützen, wenn die begleitende kontrollierende Kritik fehlte? Moderne Informationen von Unternehmen an die Kunden gehen weit über rein kommerzielle Inhalte hinaus.

Manager wissen, dass eine gute Wissensverwertung aus dem Konglomerat von Qualifikation, Erfahrung und der Fähigkeit zur Bewertung besteht. Wenn die Zusammenhänge verstanden worden sind und der Einklang hergestellt ist, ist ein hoher Level an Wissensmanagement im Team erreicht. Globale Imperative brauchen globale Kompetenz. Regionale Problemlösungen sind dann an die Prozessvorgaben der Gesamtheit angepasst, sonst verdorren sie in der Unfruchtbarkeit geschlossener Systeme. Ein Business der Nachhaltigkeit spielt sich ausschließlich im multinationalen Rahmen ab.

Managementfelder der New-Value-Economy

- Wissensmanagement
- Innovatives Clienting

- Zertifizierungen & Publicity
- Sustainability-Management
- Change-Management & Innovationen
- Coaching & Outsourcing
- Strategische Allianzen

Printed in Germany
by Amazon Distribution
GmbH, Leipzig